U0352693

浙江省高职院校"十四五"重点立项建设教材

高职高专"十四五"规划教材

Micro850 PLC、变频器及触摸屏综合应用技术

姜 磊 主编

扫码输入刮刮卡密码
查看本书数字资源

北 京

冶金工业出版社

2025

内 容 提 要

本书共分 7 个模块,主要内容包括 Micro800 系列 PLC 硬件、CCW 软件及相关通信软件使用、Micro850 控制器基本逻辑指令及其应用、Micro850 控制器功能指令及其应用、PowerFlex525 变频器应用设计、Micro850 控制器的通信、触摸屏应用设计及综合训练项目等。

本书可作为高职高专院校电气工程及自动化、机电一体化及智能控制技术等相关专业的教材,也可供企业工程技术人员参考。

图书在版编目(CIP)数据

Micro850 PLC、变频器及触摸屏综合应用技术/姜磊主编 .—北京:冶金工业出版社,2022.8(2025.1 重印)
高职高专"十四五"规划教材
ISBN 978-7-5024-9189-5

Ⅰ.①M… Ⅱ.①姜… Ⅲ.①PLC 技术—高等职业教育—教材 ②变频器—高等职业教育—教材 ③触摸屏—高等职业教育—教材 Ⅳ.①TM571.61 ②TN773 ③TP334.1

中国版本图书馆 CIP 数据核字(2022)第 106351 号

Micro850 PLC、变频器及触摸屏综合应用技术

出版发行	冶金工业出版社	电　话	(010)64027926
地　址	北京市东城区嵩祝院北巷 39 号	邮　编	100009
网　址	www.mip1953.com	电子信箱	service@ mip1953.com

责任编辑　杜婷婷　美术编辑　彭子赫　版式设计　郑小利
责任校对　梁江凤　责任印制　范天娇
北京建宏印刷有限公司印刷
2022 年 8 月第 1 版,2025 年 1 月第 2 次印刷
787mm×1092mm 1/16;14 印张;339 千字;214 页
定价 **49.00** 元

投稿电话　(010)64027932　投稿信箱　tougao@cnmip.com.cn
营销中心电话　(010)64044283
冶金工业出版社天猫旗舰店　yjgycbs.tmall.com
(本书如有印装质量问题,本社营销中心负责退换)

前　言

本书是在国家信息化教学建设飞速发展的背景下，结合当前"互联网+"课程改革要求而编写的工学结合特色教材。本书为浙江工业职业技术学院2022年度校级高层次教学建设培育项目——校级教材建设项目成果。

本书具有以下特色：

（1）以"学习任务"为载体，将专业核心职业能力项目任务化。以"项目引领、任务驱动"模式组织教学，教学内容与岗位实际工作对接，学生身体力行获取知识与技能，激发学生学习兴趣，调动学生主动性，培育学生发现问题、解决问题等综合学习能力，学习效果同步提高。

（2）实施工学一体教学模式。立足岗位群及核心技能培养，以工学结合为切入点，以"课程周一体化"教学组织积淀为基础，完善一体化评价体系，融入新技术，编写一体化教材；改善一体化教学条件，实施学校"元培计划"，全面提高学生的专业技能与职业核心能力。

（3）创新教学方法。以学生为中心，选取合适的行动导向教学法，采用"课程周一体化"形式组织教学，实行"6S"管理。

本书构建了"核心能力、核心课程、核心内容"的"三核"课程体系。开展项目导向、任务驱动、工学一体等形式的教学改革，与企业合作，采取"工学结合、任务驱动、项目模块化实施"编写形式，融入自动化新设备、新知识、新工艺、新技术，强调学生工程设计能力的培养和训练。同时配套了丰富的数字资源，符合"互联网+"时代下的教学方式。

本书共分7个模块。模块1介绍基于现代工业控制系统的硬件及PLC选型。模块2和模块3主要介绍相关编程软件（重点CCW软件）控制系统及程序指令介绍，还包括基本逻辑控制、电气系统改造设计、功能指令应用设计。模块4为PowerFlex525变频器系统设计，包括变频器的基本操作、多段速设计和PLC与变频器联合控制系统设计等内容。模块5为Micro850控制器的通信设计，包括通信协议介绍、PLC之间的通信设置。模块6为触摸屏设计，主要介绍威纶触摸屏与

PLC 联合控制。模块 7 为综合设计任务，包括 PLC、触摸屏和变频器联合应用设计，理论结合实践。由于本书是一体化的实训教材，考虑实训教学的连贯性，建议排课采用课程周集中授课的方式。将任务进行小组分配以增加学生的团队合作能力，线上的视频及网络资源课程增加学生的自主学习能力，课上的实训操作环节增加学生的动手操作能力。

本书由浙江工业职业技术学院姜磊任主编，其中模块 2 部分视频资源由耿雷雷、王彤彤老师制作，模块 7 部分视频资源由陈怀忠老师制作。

本书在编写过程中参考了罗克韦尔自动化有限公司相关技术手册及同类书籍和资料，在此向罗克韦尔自动化有限公司和有关作者表示感谢。同时，也向为本书提供案例资源的相关公司和提出宝贵意见的相关老师表示感谢。

由于编者水平所限，书中不妥之处，敬请广大读者批评指正。

编　者

2022 年 5 月

目　录

课件下载

模块 1　Micro800 系列 PLC 硬件、CCW 软件及相关通信软件使用

- **知识目标**

  （1）了解国内外常见 PLC 的品牌及其主要性能。

  （2）了解 PLC 的组成结构及其工作原理。

  （3）掌握 Micro800 系列 PLC 的硬件特性及其工作原理。

  （4）了解 Micro800 系列 PLC 功能插件的特性。

- **技能目标**

  （1）能够读懂及绘制出 Micro800 系列 PLC 的外部接线图。

  （2）能熟练使用 CCW 编程软件及其他通信软件。

  （3）能够根据任务要求选择适合的 PLC 型号。

  （4）能够对 Micro800 系列 PLC 进行固件升级。

- **思政引导**

  2018 年 4 月，美国商务部发布公告称，美国政府在未来 7 年内禁止中兴通讯从美国企业购买敏感产品。中兴通讯发布关于美国商务部激活拒绝令的声明，称在相关调查尚未结束之前，美国商务部工业与安全局执意对公司施以最严厉的制裁，对中兴通讯极不公平，"不能接受！"中兴通讯公告称，受"拒绝令"影响，本公司主要经营活动已无法进行。

  "中兴"事件警示国人，一些外国势力一直打压我国核心技术的发展，我们必须自主研发核心技术，通过了解国内外工控技术的现状，取其精华，去其糟粕，不断壮大自己，助力我国工控技术处于世界领先地位。

任务 1.1　认识 PLC

1.1.1　任务描述

通过企业调研及资料查阅，了解市场上常见的国内外 PLC 品牌、性能和应用等。通过阅读知识链接、上网查阅资料、查阅相关书籍、观察实训设备、分组讨论等方法，了解 PLC 基本概念，了解 PLC 产生背景，目前市场上主流的 PLC 品牌主要有哪些，知道 PLC 的硬件系统的结构，了解 PLC 的编程语言有哪些，知道 PLC 的工作原理，阐述继电接触器控制与 PLC 控制的区别。

1.1.2 任务实施

通过阅读书本中相关知识点及个人收集到的资料，完成表 1-1 的内容。本次任务还需进行 PPT 汇报，以小组为单位完成（两人一组最佳）。运用信息技术完成 PPT 的制作，整理、归纳总结所学知识点完成 PPT 汇报任务。

表 1-1　认识 PLC 报告要求

	PLC 定义
	PLC 的特点
PLC 是什么	PLC 的应用场合
	PLC 的发展趋势
	PLC 产生背景
PLC 的硬件结构是什么，工作原理是什么？编程语言有哪些？PLC 与继电接触器的区别是什么	
	它们是根据什么进行分类的
市场上主流的 PLC 品牌有哪些	各自特点有哪些
	各自价格是多少
	国产品牌有哪些

任务 1.2　Micro800 系列 PLC 基本结构及其工作原理

1.2.1 任务描述

了解 Micro830 和 Micro850 控制器的基本功能，嵌入式模块的使用方法及控制器的安装和接线。了解实训室实验平台的构成，能够根据所学知识绘制出电气原理图。通过对比其他品牌 PLC 的扩展模块使用方法，掌握 Micro800 系列 PLC 功能模块的特点。

1.2.2 任务实施

通过模块 1 后面相关知识点部分的内容认识 Micro800 系列 PLC 的硬件组成结构，在掌握实验平台电气原理后，对实验平台进行上电操作，观察 Micro800 系列 PLC 的运行指示灯情况，同时能够结合实验平台绘制出 PLC 的 I/O 分配列表及其外部接线图填入表 1-2，能够正确拆装 Micro800 系列 PLC 嵌入式模块。

表 1-2　PLC 的 I/O 分配列表及其外部接线图

	输入			输出		
I/O 分配表	PLC 对应输入点	平台对应位置	功能	PLC 对应输入点	平台对应位置	功能

外部接线图	

任务 1.3　CCW 软件、固件刷新及 BOOTP 介绍

1.3.1　任务描述

软件 Connected Components Workbench（CCW）是 Micro800 系列控制器的程序开发软件，其不仅可以组态 Micro800 控制器，还可以组态触摸屏和变频器等。通过对编程软件的下载、安装及编程环境的了解，可以熟练地进行程序的编程。本次任务还需要了解掌握 CCW 的编程方式有哪些；如何通过软件组态编辑嵌入式扩展模块；Micro800 PLC 的程序下载、上传、监控及其运行情况。

随着 CCW 编程软件的不断更新，Micro800 控制器的硬件必须与之相对应，因此就需要对 Micro800 控制器固件进行刷新，以便能够达到软件与硬件的衔接。掌握能够实现对 Micro800 进行通信连接的软件操作，如 BOOTP/DHCP 软件等。

1.3.2　任务实施

对所安装的 CCW 软件和 BOOTP/DHCP 软件进行实际操作。

（1）在 CCW 软件中新建程序，使用梯形图编程方式进行程序编写。

1）双击电脑中的 CCW 主程序图标，打开 CCW 编程软件。

2）点击"新建"，在"名称"位置输入程序的名字，点击"创建"结束。

3）在控制器列表下的 Micro850 列表双击选择"2080 - LC50 - 48QWB"型号 PLC。

4）双击设备栏中的 PLC 查看该 PLC 的详细信息及其图片。

5）右键点击"程序"，在下拉菜单中选择"添加在下一级菜单中选择梯形图"。双击程序下的"Prog1"进入梯形图编程界面。

6）工具栏中的元件可以有两种方法放入梯形图，第一种为直接拖拽到指定位置，第二种为鼠标选定"梯级"，双击"元件放入指定梯级"。拖拽入梯级的原件会跳出变量选择器窗口，该窗口可以用户定义新变量或赋予原件已有的变量。梯形图上的元件选中时会有一个绿色矩形框，该矩形框分为上下两部分，点击上半部分会出现一个下拉菜单（其中只有已建立的变量），双击下半部分会弹出变量选择器，在变量选择器中可以新建变量。变量选择器可以新建一个变量或改变一

个已有变量的属性，定义新变量时，在名称处写好变量名称，选好变量类型后单击"确定"。

（2）在建立的编程环境中，结合实验平台，实现输入按钮与外部输出执行的检验，通过 USB 通信线对程序进行下载，同时将外部硬件拨到运行状态，对所编程序进行检验，检验过程 CCW 软件处于在线监测状态；编好梯形图将程序进行保存，随后编译，编辑无误后下载，最后进行在线调试。

（3）使用 BOOTP/DHCP 软件扫描到实验平台中对应的 PLC 及变频器 MAC，并进行 IP 地址的分配。

1）点击所有程序，选择"Rockwell Software"分别打开"BOOTP - DHCP Server"中的同名文件。打开了 BOOTP 软件的主界面，可以为工控机、PLC 和变频器分配地址。

2）BOOTP 主窗口分为两部分，上半部分时时刷新未分配地址的设备，下半部分为当前已被 BOOTP 分配地址的设备。

3）设备分配地址，左键双击上半部分中任意一个相同 MAC 地址即可（时时刷新，地址可能重复），弹出对话框在 IP 栏处写入该设备的相应地址按"OK"确认完成。注：PLC 首位 E4、变频器首位 00、电脑首位 FC，如图 1-1 所示。

4）已分配好的地址会出现在 BOOTP 主窗口的下半部分。此时该设备虽然有地址，但是地址仍然处于动态，如果断电后再上电，该设备仍然没有一个固定的地址。给设备分配静态地址选中下框中已分配动态地址的设备。点击"Disable BOOTP/DHCP"，如在"Status"处出现"Command successfully"则成功分配静态地址。

注：不推荐用 BOOTP 软件为工控机分配地址。

5）实验装置 IP 设置可按照如下顺序进行分配：

第 1 台；…；第 10 台；

路由器地址：192.168.1.11；…；路由器地址：192.168.1.101；

电脑的地址：192.168.1.14；…；电脑的地址：192.168.1.104；

PLC 地址：192.168.1.12；…；PLC 地址：192.168.1.102；

变频器地址：192.168.1.13；…；变频器地址：192.168.1.103。

（4）固件升级。请在教师指导下慎重使用，以免导致演示设备无法正常使用。

视频—硬件
固化刷新

罗克韦尔自动化的设备时常会以固件升级的方式来修复一些设备运行中的 bug 瑕疵或兼容设备软件中增加一些功能。使用 ControlFLASH 快速更新 Micro800 控制器中的固件。在 Connected Components Workbench 软件中通过最新的 Micro800 固件安装或更新 ControlFLASH。在 Micro850 控制器上，除了可以使用 USB 端口外，还可以使用以太网端口对控制器进行快速升级。

（1）通过 USB 端口升级时，使用 RSWho 确认能顺利地通过 USB 端口与 Micro800 控制器建立 RSLinx Classic 通信。

（2）启动"ControlFLASH"并单击"Next"，如图 1-2 所示。

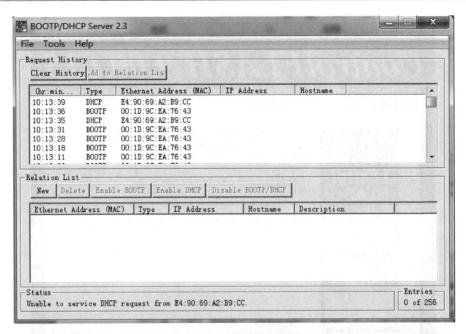

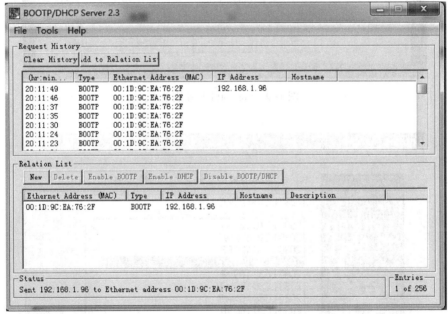

图 1-1　地址分配界面

（3）选择需要更新的 Micro800 控制器的产品目录号并单击"Next"，如图 1-3 所示。

（4）在浏览窗口中选择控制器，然后单击"OK"，如图 1-4 所示。

（5）单击"Next"继续，并确认版本，单击"Finish"，如图 1-5 所示。

（6）单击"Yes"启动更新，画面显示下载进度，如图 1-6 所示。

（7）当快速更新完成后，会显示类似于图 1-7 所示的状态画面，单击"OK"完成更新。

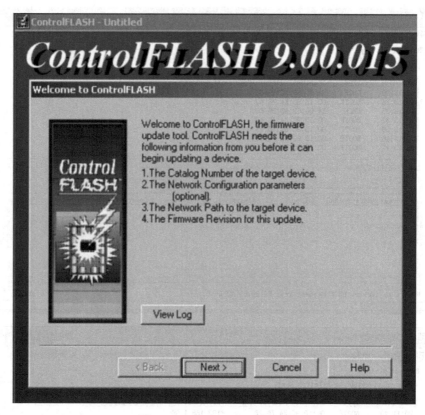

图 1-2 ControlFLASH 刷新 1

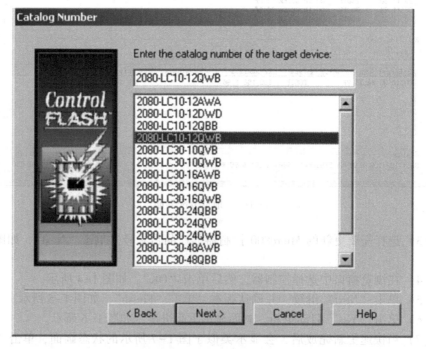

图 1-3 ControlFLASH 刷新 2

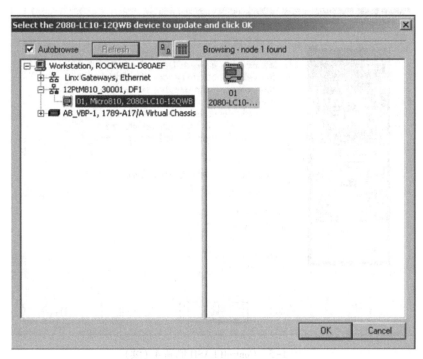

图 1-4　ControlFLASH 刷新 3

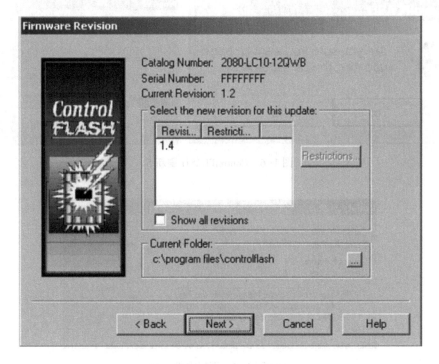

图 1-5　ControlFLASH 刷新 4

图 1-5   ControlFLASH 刷新 4（续）

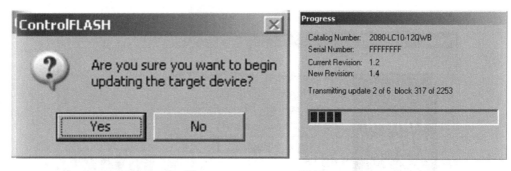

图 1-6   ControlFLASH 刷新 5

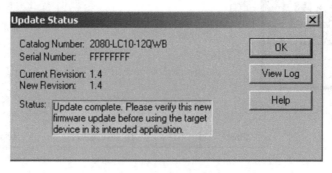

图 1-7   更新完成

　　注意：ControlFLASH 固件升级完成后，所有的以太网设置均将恢复为出厂默认设置。举例来说，如果用户需要使用先前设置的静态 IP 地址，可以在快速升级前使用存储器模块来存储项目设置，这样便可恢复原始的以太网设置。

　　上述固件升级的任务实施过程是以 Micro800 控制器为例进行操作，升级其他控制器的方式方法与此相同，只需在上述步骤（3）中的产品类型中选择对应的控制器即可。

> **任务评价**

　　表 1-3 为模块 1 任务评分表。

表 1-3　模块 1 任务评分表

模块任务	主要内容	考核要求	配分	扣分	得分
模块 1：3 个任务					
任务 1.1	（1）PLC 的认识； （2）团队合作	（1）完成表 1-1（20 分）； （2）PPT 的制作及汇报情况（10 分）	30		
任务 1.2	（1）Micro800 PLC 的硬件结构； （2）实验平台的熟悉	（1）完成表 1-2（15 分）； （2）画出实验平台的电气原理图（5 分）	20		
任务 1.3	（1）CCW 编程软件使用； （2）BOOTP 和 RSLinx 软件使用； （3）使用 ControlFLASH 进行固件更新	（1）CCW 软件熟练操作（15 分）； （2）程序上传、下载及运行（10 分）； （3）BOOTP 的使用操作，能对控制器进行 IP 地址分配（15 分）； （4）RSLinx 软件使用（5 分）； （5）使用 ControlFLASH 快速更新 Micro800 控制器中的固件（5 分）	50		
其他	（1）安全操作及 6S 管理； （2）是否为团队合作完成	倒扣分			
备注	（1）实验设备的损坏维修； （2）扩展知识及思考联系完成情况	加分（10 分）			
合计			100+10		

> **相关知识点**

一、PLC 概述

（一）PLC 的产生与应用

1. PLC 的产生

　　可编程序控制器（PLC）是在以微处理器为核心的工业自动控制通用装置，早期主要用来代替继电器实现逻辑控制，随着技术的发展，其功能已经超出了逻辑控制的范围，现在的 PLC 呈现百家争鸣的现象，种类繁多，各有特点。在以往的工业生产中，顺序控制器主要由继电器组成，由此构成的系统只能按设定好的顺序工作，如果要改变控制顺序，必须改变硬件设置，这样导致在实际生产应用中使用不方便。

2. PLC 定义

在 1987 年国际电工委员会颁布的 PLC（Programmable Logic Controller）标准草案中，对 PLC 做了定义："PLC 是一种专门为在工业环境下应用而设计的数字运算操作的电子装置。它采用可以编制程序的存储器，用来在其内部存储执行逻辑运算、顺序运算、计时、计数和算术运算等操作的指令，并能通过数字式或模拟式的输入和输出，控制各种类型的机械或生产过程。PLC 及其有关的外围设备都应该按易于与工业控制系统形成一个整体，易于扩展其功能的原则而设计。"

（二）PLC 产品及其发展

1. PLC 产品

目前 PLC 产品可按地域分成美国产品、欧洲产品、日本产品三大流派。美国和欧洲的 PLC 技术是在相互隔离情况下独立研究开发的，因此美国和欧洲的 PLC 产品有明显的差异性。而日本的 PLC 技术是由美国引进的，对美国的 PLC 产品有一定的继承性，但日本的主推产品定位在小型 PLC 上，而美国和欧洲以大中型 PLC 闻名。

（1）美国产品。美国是 PLC 生产大国，有 100 多家 PLC 厂商，比较著名的有 Allen-Bradley（A-B）公司、通用电气（GE）公司、莫迪康（MODICON）公司、德州仪器（TI）公司、西屋公司等。其中，A-B 公司是美国最大的 PLC 制造商，其产品约占美国 PLC 市场的一半。A-B 公司产品规格齐全、种类丰富，其主推的大中型 PLC 产品是 PLC-5 系列，如图 1-8 所示。

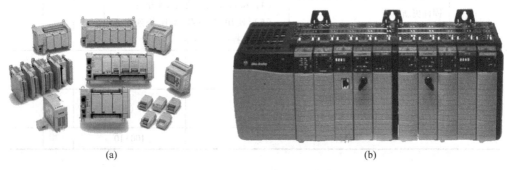

图 1-8　　Allen-Bradley（A-B）PLC 产品
(a) MicroLogix；(b) ControlLogix

（2）欧洲产品。德国的西门子（SIEMENS）公司、法国的施耐德电气（Schneider Electric）是欧洲著名的 PLC 制造商。西门子公司的电子产品以性能精良而久负盛名，在中、大型 PLC 产品领域与美国的 A-B 公司齐名。西门子 PLC 主要产品是 S5、S7 系列。S7 系列其性价比较高、使用较为广泛，其中，S7-200 系列属于小型（目前已停产），目前为 S7-1200/1500 PLC，S7-300 系列属于中型，S7-400 系列属于中高性能的大型 PLC，如图 1-9 所示。

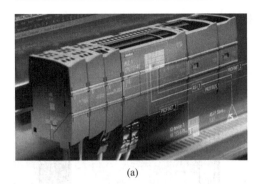
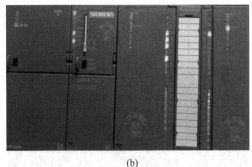

(a)　　　　　　　　　　　　　　　　　　　(b)

图 1-9　西门子 PLC 产品

(a) S7-1200/1500；(b) S7-300

（3）日本产品。日本的小型 PLC 最具特色，在小型机领域中颇具盛名，某些用欧美的中型机或大型机才能实现的控制，日本的小型机就可以解决。在开发较复杂的控制系统方面明显优于欧美的小型机，所以格外受用户欢迎。日本有许多 PLC 制造商，如三菱、欧姆龙、松下、富士、日立、东芝等，在世界小型 PLC 市场上，日本产品约占有 70% 的份额。

三菱公司的 PLC 是较早进入中国市场的产品。20 世纪 80 年代末，三菱公司推出 FX 系列，在容量、速度、特殊功能、网络功能等方面都有了全面的加强。FX2N 小型 PLC（已停产），具有高速处理及可扩展大量满足单个需要的特殊功能模块等特点，为工厂自动化应用提供最大的灵活性和控制能力。FX3U 系列是三菱电机公司新近推出的新型第三代三菱 PLC，基本性能大幅提升，其中晶体管输出型的基本单元内置了 3 轴独立最高 100kHz 的定位功能，并且增加了新的定位指令，从而使得定位控制功能更加强大，使用更为方便。目前在网络化时代要求下已生产出 FX_{5U} 主要用于网络通信操作。

三菱公司的大中型机有 A 系列、QnA 系列、Q 系列，具有丰富的网络功能，I/O 点数可达 8192 点。其中，Q 系列具有较小的体积、丰富的机型、灵活的安装方式、双 CPU 协同处理、多存储器、远程口令等特点，是三菱公司现有 PLC 中最高性能的 PLC 系列，如图 1-10 所示。

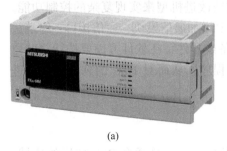
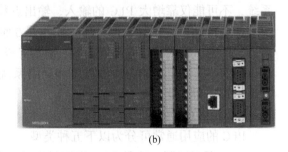

(a)　　　　　　　　　　　　　　　　　　　(b)

图 1-10　三菱 PLC 产品

(a) FX_{3U} PLC；(b) Q 系列 PLC

（4）国内产品。国产 PLC 厂商众多，但是市场占有率不高。目前国内做得比较好的就是中国台湾地区的台达、永宏、丰炜及大陆的信捷和海为等，如图1-11所示。

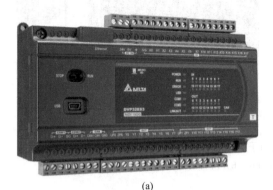
(a)

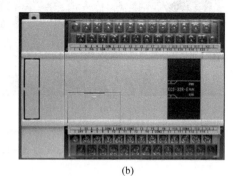
(b)

图 1-11　国产 PLC 产品
(a) 台达 DVP 系列；(b) 信捷 XC 系列 PLC

2. PLC 的发展趋势

(1) 向大存储容量方向发展。传统的 PLC 内存容量一般为 1~16kB，在某些复杂的控制上是不够的，需要通过扩展来达到要求。新型 PLC 的容量已达到 64kB，今后随着 PLC 工艺技术的不断发展，PLC 的内部存储能力将会进一步扩大。

(2) PLC 的高性能化。进一步提高 CPU 的性能，加快 PLC 执行程序的速度并加强继电、定时、中断功能。

(3) 向多品种方向发展和提高可靠性（超大型和超小型）。很多厂家推出高速度、高性能、小型，特别是三菱的 FX_{0S}-14MR 有 14 点（8 个 24V DC 输入，6 个继电器输出），其尺寸仅为 58mm×89mm，仅比信用卡大一点，而功能并不弱。

(4) 产品更加规范化、标准化（硬件、软件兼容的 PLC）。以前 PLC 的软硬件体系结构是封闭的，各个厂家使用的组态、寻址、编程结构不一致，使各种 PLC 互不兼容。国际电工协会（IEC）在 1992 年颁布了《可编程控制器的编程软件标准》（IEC 1131-3），为 PLC 产品的规范化、标准化提供了依据。

(5) 加强联网和通信的能力。在工业控制系统中，对于多控制任务的复杂控制系统，不可能仅靠增大 PLC 的输入、输出点数或改进机型来实现复杂的控制功能。要想使多台 PLC 之间能联网工作，在硬件方面要增加通信模块、通信接口、终端适配器、网卡、集线器、调制解调器、缆线等设备或器件；在软件方面要按特定的协议，开发具有一定功能的通信程序和网络系统程序，从而对 PLC 的软件、硬件进行统一管理和调度。

（三）PLC 的应用

PLC 的应用通常可分为以下五种类型。

(1) 顺序控制：这是 PLC 应用最广泛的领域，也是最适合 PLC 使用的领域。PLC 应用于单机控制、多机群控、生产自动线控制等。

(2) 运动控制：PLC 制造商目前已提供了拖动步进电机或伺服电机的单轴或多轴位置控制模块，在多数情况下，PLC 把描述目标位置的数据送给模块，其输出移动一轴或数轴到目标位置。每个轴移动时，位置控制模块保持适当的速度和加速度，确保运动平滑。

（3）过程控制：PLC 能控制大量的过程参数，如温度、压力、液位和速度等。PID 模块的提供使 PLC 具有闭环逻辑控制功能，当控制过程中某一变量出现偏差时，PID 控制算法会计算出正确的输出，把变量保持在设定值上。

（4）数据处理：现代 PLC 具有数学运算（含矩阵运算、函数运算、逻辑运算）、数据传送、数据转换、排序、查表、位操作等功能，可以完成数据的采集、分析及处理。这些数据可以与存储在存储器中的参考值比较，完成一定的控制操作，也可以利用通信功能传送到别的智能装置，或将它们打印制表。数据处理一般用于大型控制系统，如无人控制的柔性制造系统。

（5）通信网络：PLC 的通信包括 PLC 与远程 I/O 之间的通信、多台 PLC 之间的通信、PLC 与其他智能控制设备（如计算机、变频器、数控装置）之间通信。PLC 与其他智能控制设备一起，可以组成"集中管理、分散控制"的分布式控制系统，如图 1-12 所示。

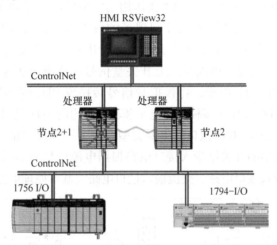

图 1-12　通信网络

（四）PLC 的组成及其工作原理

1．PLC 的基本结构

可编程控制器的实质是一种工业控制计算机，采用冯·诺依曼结构，硬件结构与微型计算机基本相同，分别由中央处理器（CPU）、存储器、输入接口、输出接口、电源、扩展接口、编程工具、智能 I/O 接口、智能单元等组成，如图 1-13 所示。

（1）微处理器（CPU）。CPU 是可编程控制器的核心，主要由控制器和运算器组成。小型 PLC 大多采用 8 位和 16 位微处理器；大中型 PLC 大多采用 16 位和 32 位微处理器，还经常采用双 CPU 和多 CPU 的结构。

（2）存储器。PLC 配有系统程序存储器（ROM）、用户程序存储器（RAM）；前者用于存放系统的管理程序、命令解释程序、系统调用程序等，它是 PLC 正常工作的基本保证；后者主要用来存放用户编制的程序。

（3）输入/输出单元。输入/输出单元是 PLC 与外界连接的接口电路。

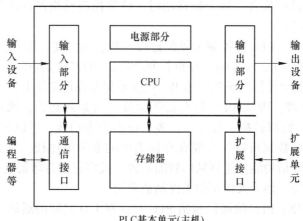

PLC基本单元(主机)

图 1-13　PLC 的结构图

1）输入接口电路。输入接口的主要作用是完成外部信号到 PLC 内部信号的转换。通常情况下，来自生产设备或控制现场的各类输入信号所提供的信号，其性质、电压、种类各不相同，有直流开关量、交流开关量、连续模拟电压或电流、数据等。通过输入接口电流，可以将以上开关量信号转换成 PLC 内部处理所需要的、CPU 能够直接处理的 TTL 电平，将模拟量信号转换成 PLC 内部处理所需的数字量（A/D 转换）等。PLC 提供了多种操作电平和驱动能力的 I/O 接口，有各种各样功能的 I/O 接口供用户选择。I/O 接口的主要类型有数字量（开关量）输入/输出、模拟量输入/输出等。常用的开关量输入接口电路根据电源信号的不同，分为直流输入接口电路、交/直流输入接口电路、交流输入接口电路。基本原理电路如图 1-14 所示。

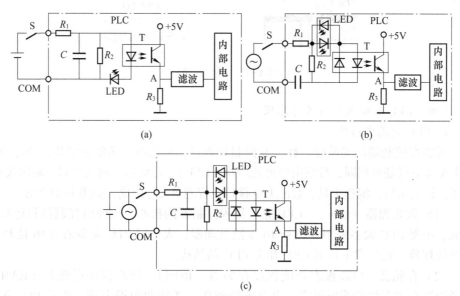

图 1-14　开关量输入接口电路

(a) 直流输入接口电路；(b) 交流输入接口电路；(c) 交/直流输入接口电路

2）输出接口电路。输出接口电路主要作用是完成 PLC 内部信号到外部信号的转换。生产设备或控制现场的各种执行元件，如各种指示灯、电磁阀线圈、闭环自动调节装置、显示仪表等。常用的开关量输出接口电路按输出开关器件不同，分为继电器输出（R）、晶体管输出（T）、晶闸管输出（S），其基本原理电路如图 1-15 所示。

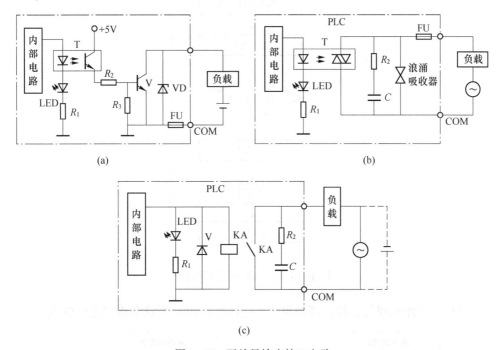

(a)　　　　　　　　　　　　　　　(b)

(c)

图 1-15　开关量输出接口电路
（a）晶体管输出接口电路；（b）晶闸管输出接口电路；（c）继电器输出接口电路

其中，继电器输出的优点是电压范围宽，价格相对便宜，可控制交直流负载；缺点是触点寿命短，断开有电弧，易产生干扰，转换频率低，响应时间长（10ms）。晶体管输出优点是寿命长，无噪声，可靠性高，响应快，I/O 响应时间为 0.2ms；缺点是只适用于直流驱动的场合，价格高、过载能力差。晶闸管输出优点是寿命长，无噪声，可靠性高，响应快；缺点是仅适用于交流驱动场合，价格高、负载能力较差。

（4）电源单元。内部有一个高性能的稳压电源，对外部电源性能要求不高。允许外部电源电压额定值偏差：+10%～15%。一般小型 PLC 的电源包含在基本单元内，大中型 PLC 才配有专用电源。PLC 内部还带有锂电池作为后备电源。

2. PLC 的工作原理

PLC 采用循环扫描的工作方式，在 PLC 中用户程序按先后顺序存放，CPU 从第一条指令开始执行程序，直到遇到结束符后又返回第一条，如此周而复始不断循环。PLC 的扫描过程分为内部处理自诊断、通信处理、输入采用、程序执行、输出刷新等几个阶段，全过程扫描一次所需的时间称为扫描周期，如图 1-16 所示。当 PLC 处于停止状态时，只进行内部处理和通信操作服务等内容。在 PLC 处于运行状态时，从内部处理、通信操作、程序输入、程序执行、程序输出，一直循环扫描工作。

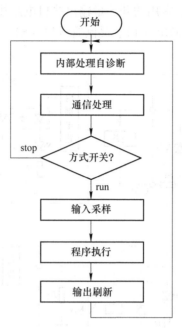

图 1-16　运行状态下扫描过程

PLC 的工作原理与步骤，可以用图 1-17 所示 PLC 等效电路图进行描述。

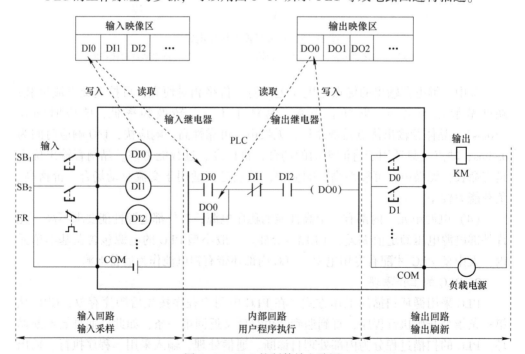

图 1-17　PLC 控制等效电路图

在等效电路中，PLC 可以分为输入回路、内部回路、输出回路三个组成部分。其中，输入回路代表了实际 PLC 的输入接口电路、输入采样、输入缓冲等部分；内部回路代表了实际 PLC 的控制程序执行过程；输出回路代表了实际 PLC 的输出接口电路、输出刷新、输出缓冲等部分。图 1-17 所示的电路仅为说明 PLC 工作原理而"虚拟"的等效电路示意图，实际 PLC 的内部组成电路、输入/输出连接方式、输入/接口等硬件均与此不同。

（1）输入采样阶段。在输入采样阶段，PLC 以扫描方式依次地读入所有输入状态和数据，并将它们存入 I/O 映象区相对应单元内。输入采样结束后，转入用户程序执行和输出刷新阶段。在这两个阶段中，即使输入状态和数据发生变化，I/O 映象区中相应单元的状态和数据也不会改变。因此，如果输入是脉冲信号，则该脉冲信号的宽度必须大于一个扫描周期，才能保证在任何情况下该输入均能被读入。

（2）用户程序执行阶段。在用户程序执行阶段，PLC 总是按由上而下的顺序依次地扫描用户程序（梯形图）。在扫描每一条梯形图时，又总是先扫描梯形图左边的由各触点构成的控制线路，并按先左后右、先上后下的顺序对由各个触点构成的控制线路进行逻辑运算，然后根据逻辑运算的结果，刷新该逻辑线圈在系统 RAM 存储区中所对应位置的状态；或者刷新该输出线圈在 I/O 映象区中对应位的状态；或者确定是否要执行该梯形图所规定的特殊功能指令。在用户程序执行过程中，只有输入点在 I/O 映象区内的状态和数据不会发生变化，而其他输出点和软元件在 I/O 映象区或系统 RAM 存储区内的状态和数据都有可能发生变化。

（3）输出刷新阶段。当扫描用户程序结束后，PLC 就进入输出刷新阶段。在此期间，CPU 按照 I/O 映象区内对应的状态和数据刷新所有的输出锁存电路，再经输出电路驱动相应的外设。这时，才是 PLC 的真正输出。

（五）PLC 的编程语言

可编程控制器目前常用的编程语言有梯形图语言、指令表语言、顺序功能图、功能块图和某些高级语言。

1. 梯形图编程（LAD）

PLC 的梯形图在形式上沿袭了传统的继电器电气控制图，是在原继电器控制系统的继电器梯形图基础上演变而来的一种图形语言。它将 PLC 内部的各种编程元件（如继电器的触点、线圈、定时器、计数器等）和各种具有特定功能的命令用专用图形符号、标号定义，并按逻辑要求及连接规律组合和排列，从而构成了表示 PLC 输入、输出之间控制关系的图形，如图 1-18 所示。它是目前用得最多的 PLC 编程语言。梯形图编程语言的特点是：与电气操作原理图相对应，具有直观性和对应性；与原有继电器控制相一致，电气设计人员易于掌握。梯形图编程语言与原有的继电器控制的不同点是，梯形图中的能流不是实际意义的电流，内部的继电器也不是实际存在的继电器，应用时需要与原有继电器控制的概念区别对待。

2. 指令表编程

指令表语言又称为助记符语言，它常用一些指令表来表示 PLC 的某种操作。它类似微机中的汇编语言，但比汇编语言更直观易懂，用户可以很容易地将梯形图语言转换成指令表语言。不同厂家生产的 PLC 所使用的指令表各不相同，因此同

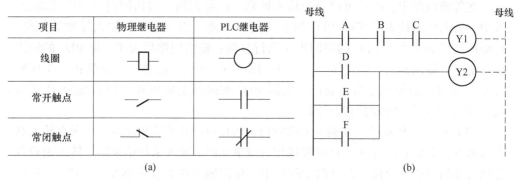

图 1-18 PLC 梯形图 (a) 与继电器对比图 (b)

一梯形图写成的指令表语句不相同。用户在将梯形图转换为指令表时，必须先弄清
PLC 的型号及内部各器件编号、使用范围和每一条指令表的使用方法。

3. 顺序功能图

顺序功能图常用来编制顺序控制程序，它包括步、动作、转换三个要素。顺序
功能图可以将一个复杂的控制过程分解为一些小的工作状态。对于这些小状态的功
能依次处理后，再把这些小状态依一定顺序控制要求连接成组合整体的控制程序。

4. 功能块图

功能块图是一种类似于数字逻辑电路的编程语言，用类似于门或门的方框来表
示逻辑运算关系，方块左侧为逻辑运算的输入变量，右侧为输出变量，输入端、输
出端的小圆点表示"非"运算，信号自左向右流动。类似于电路一样，方框被
"导线"连接在一起。图 1-19 所示为功能块图示例。

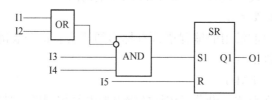

图 1-19 功能块图示例

5. 高级语言编程

随着软件技术的发展，为增强 PLC 的运算功能和数据处理能力并方便用户使
用，许多大中型 PLC 已采用类似 BASIC、PASCAL、FORTAN、C 等高级语言的 PLC
专用编程语言，实现程序的自动编译。

目前各种类型的 PLC 一般都能同时使用两种以上的语言，且大多数都能同时使
用梯形图和指令表。虽然不同的厂家梯形图、指令表的使用方式有差异，但基本编
程原理和方法是相同的。罗克韦尔 Micro850 支持梯形图、高级语言和功能块图三种
编程语言。

（六）PLC 与继电接触器控制比较

继电器控制系统在传统的工业生产自动化控制中占据主要地位，但在实际的生
产过程中继电器控制系统逐渐显现体积大、能耗多、运行速度慢等缺点。PLC 控制

系统的出现大大方便了电气控制设计人员，弥补了继电器控制的不足，作为替代被广泛应用在工业自动化控制中。PLC 控制系统与继电器控制系统区别如下。

（1）在组成器件方面。继电-接触器控制电路是由各种真正的硬件继电器、接触器组成的，硬件继电器、接触器触点易磨损。而 PLC 梯形图则由许多所谓的软继电器组成。这些软继电器实质上是存储器中的某一位触发器，可以置"0"或置"1"，软继电器无磨损现象。

（2）在工作方式方面。继电-接触器控制电路工作时，电路中硬件继电器、接触器都处于受控状态，凡符合条件吸合的硬件继电器、接触器都处于吸合状态，受各种制约条件不应吸合的硬件继电器、接触器都处于断开状态，属于"并行"的工作方式。PLC 梯形图中各软继电器都处于周期循环扫描工作状态，受同一条件制约的各个软继电器的在线工作和它的触电动作并不同时发生，属于"串行"的工作方式。

（3）在元件触点数量方面。继电-接触器控制电路的硬件触点数量是有限的，一般只有 4~8 对。PLC 梯形图中软继电器的触点数量无限，在编程时可无限次使用。

（4）控制电路实施方式不同。继电-接触器控制电路是依靠硬件接线来实施控制功能的，其控制功能通常是不变的，当需要改变控制功能时必须重新接线。PLC 控制电路是采用软件编程来实现控制的，可进行在线修改，控制功能可根据实际要求灵活实施。

PLC 控制系统相比传统的继电器控制系统来说，具有很多优点：

1）反应速度快，噪声低，能耗小，体积小；

2）功能强大，编程方便，可以随时修改程序；

3）控制精度高，可进行复杂的程序控制；

4）能够对控制过程进行自动检测；

5）系统稳定，安全可靠。

视频—
Micro810

二、Micro800 系列 PLC

Micro800 系列控制器是罗克韦尔自动化公司全新推出的新一代微型 PLC，此系列控制器具有超过 21 种模块化的插件，控制器的点数从 10 点到 48 点不等，可以实现高度灵活的硬件配置，在提供足够的控制能力的同时满足用户的基本应用，并且便于安装和维护。不同型号的控制器之间的模块化插件可以共用，内置 RS-232、RS-485、USB 和 Ethernet/IP 等通信接口，有强大的通信功能。免费的编程软件支持功能块一体化编程，并可使用 USB 编程电缆，给编程人员带来了极大的便利。Micro800 共有 5 个系列的控制器，分别为 Micro810、Micro820、Micro830、Micro850 和 Micro870，本模块重点介绍 Micro830 和 Micro850，通信接口及型号说明如图1-20 所示。

视频—
Micro830

视频—
Micro850

（一）Micro830 可编程控制器

1. Micro830 硬件特性

Micro830 控制器是一种带有嵌入式输入/输出的经济型控制器，根据控制类型，它可容纳 2~5 个插件模块。按照其 I/O 点数可以分为 10 点、16 点、24 点和 48 点

微课—硬件

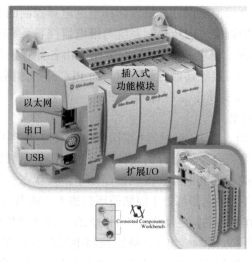

(a)

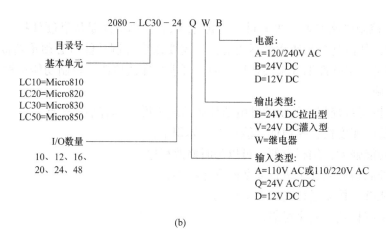

(b)

图 1-20　控制器通信接口及型号说明

（a）通信接口；（b）型号说明

四种款型。具体如下：

（1）10 点：2080-LC30-10QVB，2080-LC30-10QWB；

（2）16 点：2080-LC30-16AWB，2080-LC30-16QWB，2080-LC30-16QVB；

（3）24 点：2080-LC30-24QWB，2080-LC30-24QVB，2080-LC30-24QBB；

（4）48 点：2080-LC30-48QWB，2080-LC30-18AWB，2080-LC30-48QBB，2080-LC30-48QVB。

图 1-21 为 Micro830 10/16 点 PLC 控制器，表 1-4 为 Micro830 控制器描述及状态指示灯说明，图 1-22 为 Micro830 48 点 PLC 控制器。

2. Micro830 控制器 I/O 配置

Micro830 可编程序控制器有 12 种型号，不同型号的控制器的 I/O 配置不同。下面以 16 点的 2080-LC30-16QWB 控制器为例，介绍 Micro830 控制器的输入/输出端子。该控制器的外部接线如图 1-23 所示。

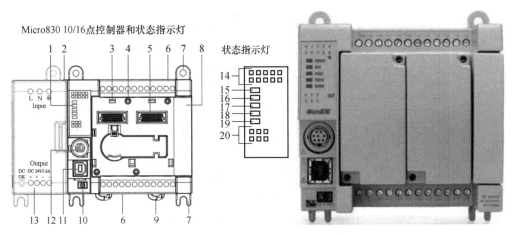

图 1-21　Micro830 10/16 点 PLC 控制器

表 1-4　Micro830 控制器描述及状态指示灯说明

	序号	描述	序号	描述
控制器描述	1	状态指示灯	8	安装螺钉孔/安装支脚
	2	可选电源插槽	9	DIN 导轨安装锁销
	3	功能性插件锁销	10	模式开关
	4	功能性插件螺钉孔	11	B 型连接器 USB 端口
	5	40 针高速功能性插件连接器	12	RS-232/RS-485 非隔离复用串行端口
	6	可拆卸 I/O 端子块	13	可选交流电源
	7	右侧盖		
状态指示灯描述	14	输入状态	18	强制状态
	15	电源状态	19	串行通信状态
	16	运行状态	20	输出状态
	17	故障状态		

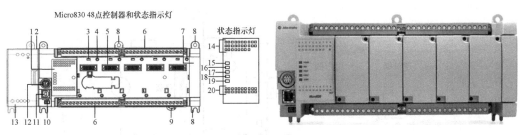

图 1-22　Micro830 48 点 PLC 控制器

　　Micro830 控制器的输入可分为灌入型和拉出型，但这仅针对数字量输入，对如模拟量输入则没有灌入型和拉出型之分，其接线图如图 1-24~图 1-27 所示。

　　选择 PLC 的数字量输入和输出时，要注意模块的"Sink"（灌入）或"Source"

输入端子块

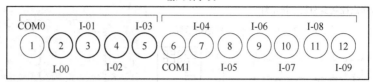

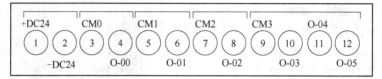

输出端子块

图 1-23　Micro830 控制器外部接线

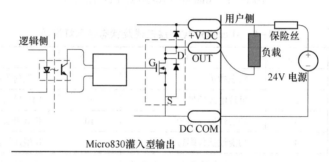

图 1-24　Micro830 灌入型输出接线图

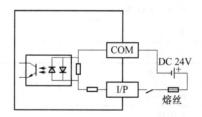

图 1-25　Micro830 灌入型输入接线图

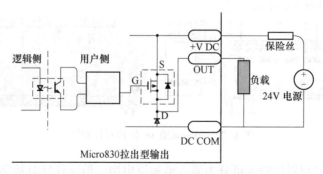

图 1-26　Micro830 拉出型输出接线图

（拉出）类型。所谓的灌入或拉出，是针对 I/O 口而言的，如果电流是向 I/O 口流入称为灌入，如果电流是从 I/O 口流出则称拉出。有些厂家也称"Sink"为"漏型"，"Source"为"源型"。罗克韦尔自动化称这两种类型为灌入型和拉出型。之所以有这方面的要求，是因为有些外设（如接近开关）需要开关电源供电，由于接近开关有 NPN 和 PNP 型，因此，对电源的极性接法要求不同。而接近开关要和 PLC 的数字量输入连接，因此，要考虑电流的方法。

图 1-27　Micro830 拉出型
输入接线图

（二）Micro850 可编程控制器

1. Micro850 硬件特性

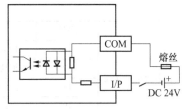

视频—
Micro850
介绍

Micro850 控制器是一种可以内置嵌入式 I/O 模块，又可以外挂扩展 I/O 模块的经济型控制器。Micro850 控制器可以嵌入 2~5 个模块，并且最多能支持 4 个扩展 I/O 模块。该控制器还可以采用任何一类 2 等级额定 24V 直流输出电源，如采用符合最低规格的可选 Micro800 电源模块。按照其 I/O 点数可分为 24 点和 48 点两种款型，这里重点介绍 48 点，如图 1-28 所示。表 1-5 为 Micro850 控制器描述及状态指示灯说明，表 1-6 为 Micro850 输入/输出数量及类型，表 1-7 为 Micro850 输出技术参数。

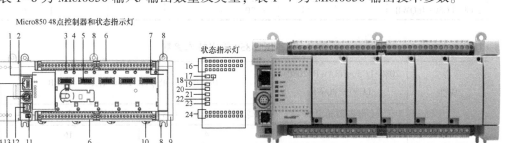

图 1-28　Micro850-48QWB

表 1-5　Micro850 控制器描述及状态指示灯说明

	序号	描述	序号	描述
	1	状态指示灯	9	扩展 V/O 插槽盖
	2	可选电源插槽	10	DIN 导轨安装锁销
	3	功能性插件锁销	11	模式开关
	4	功能性插件螺钉孔	12	B 型连接器 USB 端口
控制器描述	5	40 针高速插件连接器	13	RS232/RS485 非隔离复用串行端口
	6	可拆卸 I/O 端子块	14	RJ-45 EtherNet/IP 连接器（带嵌入式黄色和绿色 LED 指示灯）
	7	右侧盖	15	可选交流电源
	8	安装螺钉孔/安装支脚		

续表 1-5

状态指示灯描述	序号	描述	序号	描述
	16	输入状态	21	故障状态
	17	模块状态	22	强制状态
	18	网络状态	23	串行通信状态
	19	电源状态	24	输出状态
	20	运行状态		

表 1-6　Micro850 输入/输出数量及类型

产品目录号	输入		输出			支持 PTO	支持 HSC
	120V AC	24V DC/AC	继电器型	24V 灌入型	24V 拉出型		
2080-LC50-24AWB	14		10				
2080-LC50-240BB		14			10	2	4
2080-LC50-240VB		14		10		2	4
2080-LC50-24QWB		14	10				4
2080-LC50-48AWB	28		20				
2080-LC50-480BB		28			20	3	6
2080-LC50-48QVB		28		20		3	6
2080-LC50-48QWB		28	20				6

表 1-7　Micro850 输出技术参数

属性	2080-LC50-48AWB/2080-LC50-48QWB	2080-LC50-48QVB/2080-LC50-48QBB	
	继电器输出	高速输出（输出 0~3）	标准输出（输出 4 及以上）
输出数量	20	4	16
最小输出电压	5V DC，5V AC	10.8V DC	10V DC
最大输出电压	125V DC，265V AC	26.4V DC	26.4V DC
最小负载电流	10mA		

2. Micro850 控制器 I/O 配置

Micro850 控制器有 8 种型号，不同型号的控制器 I/O 配置不同，控制器的 I/O 数据见表 1-8。

表 1-8　Micro850 控制器的 I/O 数据

控制器	输入		输出		
	120V AC	24V DC/AC	继电器型	24V 灌入型	24V 拉出型
2080-LC50-24AWB	14		10		
2080-LC50-24QBB		14			10
2080-LC50-24QVB		14		10	
2080-LC50-24QWB		14	10		
2080-LC50-48AWB	28		20		

续表 1-8

控制器	输入		输出		
	120V AC	24V DC/AC	继电器型	24V 灌入型	24V 拉出型
2080-LC50-48QBB		28			20
2080-LC50-48QVB		28		20	
2080-LC50-48QWB		28	20		

以 2080-LC50 -24QWB 控制器为例，介绍 Micro850 控制器的输入/输出端子。该控制器的外部接线如图 1-29 所示。第一排 I-00～I-13 为输入端口，第二排 O-00～O-09 为输出端口。其中，I-00～I-07 也可作为高速输入端口。

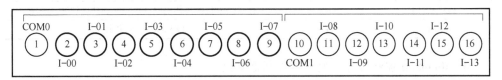

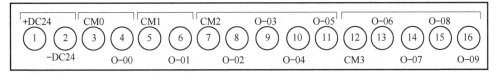

图 1-29　2080-LC50-24QWB 外部接线图

Micro850 控制器的输出分为灌入型和拉出型，但这仅针对直流而言，并不适用于继电器输出。其接线方式与 Micro830 控制器的本地 I/O 接线方式一致。不同型号的控制器，高速输入/输出的点不同，具体分布见表 1-9。

表 1-9　Micro850 控制器高速输入/输出点的分布情况

控制器型号	高速输入/输出点分布	控制器型号	高速输入/输出点分布
2080-LC50-24AWB	I-00～I-07	2080-LC50-48AWB	I-00 ～I-11
2080-LC50-24QWB	I-00～I-07	2080-LC50-48QWB	I-00～I-11
2080-LC50-24QBB	I-00～I-07、O-00～O-01	2080-LC50-48QVB	I-00～I11、O-00～O02
2080-LC50-24QVB	I-00～I-07、O-00～O-01	2080-LC50-48QBB	I-00～I11、O-00～O02

3. Micro850 控制器扩展模块

Micro850 控制器支持多种离散量和模拟量扩展 I/O 模块，可以连接任意组合的扩展 I/O 模块到 Micro850 控制器上，但要求本地、内置、扩展的离散量 I/O 点数小于或等于 132。Micro850 控制器扩展模块见表 1-10。

表 1-10　Micro850 控制器扩展模块

扩展模块型号	类别	种类
2085-IA8	离散	8 点，120V 交流输入
2085-IM8	离散	8 点，240V 交流输入
2085-OA8	离散	8 点，120/240V 交流晶闸管输出

续表 1-10

扩展模块型号	类别	种类
2085-IQ16	离散	16 点，12/24V 拉出/灌入型输入
2085-IQ32T	离散	32 点，12/24V 拉出/灌入型输入
2085-OV16	离散	16 点，12/24V 直流灌入型晶体管输出
2085-OB16	离散	16 点，12/24V 直流拉出型晶体管输出
2085-OW8	离散	8 点，交流/直流继电器型输出
2085-OW16	离散	16 点，交流/直流继电器型输出
2085-IF4	模拟	4 通道，14 位隔离电压/电流输入
2085-IF8	模拟	8 通道，14 位隔离电压/电流输入
2085-OF4	模拟	4 通道，12 位隔离电压/电流输出
2085-IRT4	模拟	4 通道，16 位隔离热电阻（RTD）和热电偶输入模块
2085-ECR	终端	2085 的总线端电阻

4. Micro850 控制器与其他品牌控制器对比

Micro850 特性和优势主要有：

（1）外形尺寸与 Micro830 24 点和 48 点控制器相同，在支持功能性插件、指令/数据容量、运动控制方面也相同；

（2）EtherNet/IP™可用于 CCW 编程、RTU 应用、连接人机界面，可通过客户端报文方式连接变频驱动器，并采用符号寻址方式与其他控制器进行通信；

（3）适用于需要更高密度和更高精度的模拟量和数字量 I/O 的大型单机应用项目（与 Micro830 控制器相比）；

（4）结合 Micro850 扩展 I/O 模块，48 点控制器最大可扩展到 132 个数字量 I/O 点；

（5）支持多达 4 个 Micro850 扩展 I/O 模块；

（6）采用可拆卸端子块，灵活性更出色；

（7）可免费下载标准版 CCW 软件。

（三）Micro800 功能性插件模块

微课—硬件
扩展模块

Micro800 功能性插件模块用于扩展嵌入式 I/O 的功能，而不会增加控制器所占的空间。它通过增加额外的处理能力或功能来提升性能，并可增强系统的通信功能，Micro800 控制器支持功能性插件模块，如图 1-30 所示。Micro800 功能性插件模块的特性和兼容性见表 1-11。

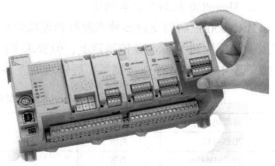

图 1-30　Micro800 功能性插件模块

表 1-11　Micro800 功能性插件模块的特性和兼容性列表

插件/附件	Micro810 是否支持	Micro830/ Micro850 是否支持	特性
1.5 液晶模块和键盘 2080-LCD	是	否	Micro810 控制器的备份模块； 配置智能继电器功能块
Micro810 USB 适配器 2080 USB 适配器	是	—	USB 编程功能
外部电源 2080-PS120-240V AC	是	是	可选控制器电源
RS232/485 隔离型串行端口 2080-SERIALISOL	否	是	添加额外的串行通信功能，采用 Modbus RTU 和 ASCII（仅限 RS-232）协议； 采取隔离措施，提高抗扰度
数字量输入、输出、继电器和组合模块 IQ4，2080-IQ4OB4，2080-IQ4OV4，2080-OB4，2080-OV4，2080-OW4I	否	是	4 通道输入/输出或组合模块； 可配置为电压和电流输入； 灌入型或拉出型输入； 4 通道继电器输出
非隔离型单极性模拟量输入/输出 2080-IF2，2080-IF4，2080-OF2	否	是	添加最多 20 个分辨率为 12 位的嵌入式模拟量 IO（48 点控制器时）； 2 个通道用于 2080-IF2 和 2080-OF2； 4 个通道用于 2080-IF4
非隔离型热电偶 2080-TC2	否	是	与 PID 配合使用时，可实现温度控制； 2 个通道用于 2080-TC2 和 2080-RTD2
非隔离型热电阻 2080-RTD2	否	是	
带 RTC 的存储模块 2080-MEMBAK-RTC	否	是	备份项目数据和应用项目代码； 高精度实时时钟
6 通道微调电位计模拟量输入 2080-TRIMPOT6	否	是	为速度、位置和温度控制添加 6 个模拟量预设值

1. 数字量输入、输出、继电器和组合功能性插件

数字量输入、输出、继电器和组合功能性插件主要用于外部信号 I/O 的扩展，技术参数见表 1-12（a）和（b）。

表 1-12（a）　数字量输入、输出、继电器

产品目录	输入/输出	通态电压	通态电流
2080-IQ4	4 个输入	直流 9.0V DC（最小值） 30V DC（最大值） 交流 10.25V AC（rms）（最小值） 30V AC（rms）（最大值）	直流 2.0mA/9V DC（最小值） 3.0mA/24V DC（标称值） 5.0mA（最大值） 交流 2.0mA/9V AC（rms）（最小值） 5.0mA（最大值）

续表 1-12（a）

产品目录	输入/输出	通态电压	通态电流
2080-IQ40B4	4个通道输入/拉出型输出组合		
2080-IQ40V4	4个通道输入/灌入型输出组合	直流输入 9.0V DC（最小值） 30V DC（最大值） 交流输入 10.25V AC（rms）（最小值） 30V AC（rms）（最大值） 输出 10V DC（最小值） 24V DC（标称值） 30V DC（最大值）	直流输入 2.0mA/9V DC（最小值） 3.0mA/24V DC（标称值） 5.0mA（最大值） 交流输入 2.0mA/9V AC（rms）（最小值） 5.0mA（最大值） 输出 5.0mA/10V DC（最小值） 0.5A（最大值，稳态） 2A 浪涌电流，最短 2s
2080-OB4	4个拉出型输出	10V DC（最小值） 24V DC（标称值） 30V DC（最大值）	5.0mA/10V DC（最小值） 0.5A（最大值，稳态） 2A 浪涌电流，最短 2s
2080-OV4	4个灌入型输出		

表 1-12（b）　　组合功能性插件技术参数

产品目录	输入/输出	浪涌电流	背板电源	输出电流（阻性）	输出电流（感性）	最大输出功率（阻性）
2080-OW4I	4通道继电器输出	<120mA/3.3V <120mA/24V	3.3V DC，38mA	2A/5~30V DC 0.5A/48V DC 0.22A/125V DC 2A/125V AC 2A/240V AC	1.0A 稳态/5~28V DC 0.93A 稳态/30V DC 0.5A 稳态/48V DC 0.22A 稳态/125V DC 2.0A 稳态，15A 接通/125V AC，PF-cosq=0.4 2.0A 稳态，7.5A 接通/240V AC，PF-cosq=0.4	125V 交流阻性负载：250V A 240V 交流阻性负载：480V 30V 直流阻性负载：60V A 48V 直流阻性负载：24V 125V 直流阻性负载：27.5V

2. 模拟量输入/输出功能性插件

模拟量扩展 I/O 模块是一种将模拟信号转化为数字信号输入到计算机，以及将数字信号转化为模拟信号输出的模块。控制器可以通过这些控制信号达到控制的目的，技术参数见表 1-13。

表 1-13 模拟量输入/输出功能性插件技术参数

产品目录	输入/输出数量	电压范围	电流范围	功耗	输入阻抗	电压阻性负载
2080-IF2	2 个输入，单极性非隔离型			<60mA/3.3V	>100kΩ（电压模式）250Ω（电流模式）	
2080-IF4	4 个输入，单极性非隔离型	0~10V	0~20mA			
2080-OF2	2 个输出，单极性非隔离型			<60mA/24V	—	1kΩ（最小值）

3. 热电偶和热电阻功能性插件

2080-TC2 是两通道热电偶模块。它把温度数据转换成数字量数据并将它传递到控制器中，它可以接收多达八种温度传感器的信号。可以通过 CCW 软件组态每个单独的通道，组态特定的传感器和滤波频率。热电偶模块和热电偶传感器的接线图如图 1-31 所示。

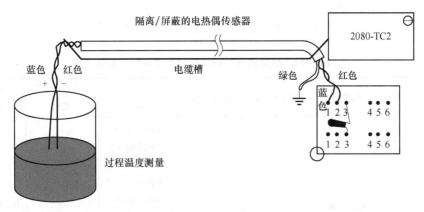

图 1-31 热电偶模块和热电偶传感器的接线图

2080-RTD2 模块支持电阻温度检测器（RTD）的测量，是数字量和模拟量的数据转换模块，并把转换数据传送到它的数据映像表。此模块支持多达 11 种的 RTD每个通道都在 CCW 软件中单独组态，组态 RTD 输入后，模块可以把 RTD 读数转换成温度数据。热电阻模块和热电阻传感器的接线图如图 1-32 所示。

热电偶和热电阻功能性插件技术参数见表 1-14。

4. 微调电位计模拟量输入功能性插件

2080-TRIMPOT6 模块提供了 6 个模拟量预置通道用于对速度、位置和温度的控制，可增加六种模拟量预置。该嵌入式模块可以插在 Micro830 控制器的任意槽中，但是不支持带电插拔，技术参数见表 1-15。

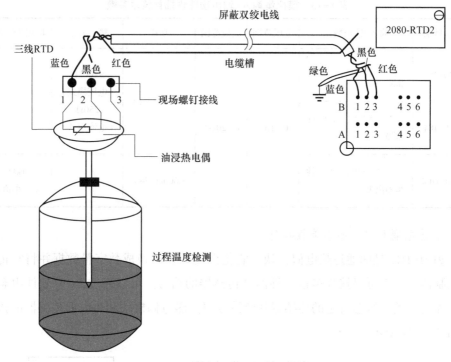

图 1-32　热电阻模块和热电阻传感器的接线图

表 1-14　热电偶和热电阻功能性插件技术参数

产品目录	类型	共模抑制比	常模抑制比	支持的热电阻类型	支持的热电偶类型	端子螺丝扭矩
2080-RTD2	2 通道非隔离型热电阻	100dB，50/60Hz	70dB，50/60Hz	100Ω 铂 385 200Ω 铂 385 500Ω 铂 385 1000Ω 铂 385 100Ω 铂 392 200Ω 铂 392 500Ω 铂 392 1000Ω 铂 392 10Ω 铜 427 120Ω 镍 672 604Ω 镍铁 518	—	0.22~ 0.25N·m （1.95~ 2.21lb-in） 使用 2.5mm （0.10in） 一字螺丝刀
2080-TC2	2 通道非隔离型热电偶			—	J、K、N、T、E、R、S、B	

表 1-15　2080-TRIMPOT6 功能性插件技术参数

输入数量	安装扭矩	工作温度	非工作温度	周围最高气温	北美温度规范
6 通道，微调电位计	0.2N·m（1.48lb-in）	−20~65℃（−4~149℉）	−40~85℃（−40~185℉）	65℃（149℉）	T4

5. RS232/485 串口功能性插件

2080-SERIALISOL 模块支持远程终端单元 Modbus（RTU）和 ASCII 等协议，技术参数见表 1-16。这个端口是电气隔离的，所以用于易受谐波干扰设备上，例如变频器和伺服控制设备，并且通信电缆较长，在采用 RS485 时长度可达 1km。表 1-17 为该模块的接线端子及端子信息。图 1-33 为 2080-SERIALISOL 通信接线图。注意：不能短接 A1 和 B4，如果短接这两个端子，将损坏通信端口。

表 1-16　2080-SERIALISOL 功能性插件技术参数

安装扭矩	端子螺丝扭矩	线规	绝缘电压
0.2N·m （1.48lb-in）	0.22~0.25N·m （1.95~2.21lb-in） 使用 2.5mm（0.10in） 一字螺丝刀	单芯： 0.14~1.5mm² （26~16A WG） 多芯： 0.14~1.0mm² （26~18A WG） 最高额定绝缘温度为 90℃（194℉）	500V AC
工作温度	非工作温度	周围最高气温	北美温度规范
−20~65℃（−4~149℉）	−40~85℃（−40~185℉）	65℃（149℉）	T4

表 1-17　2080-SERIALISOL 模块接线端子及端子信息

端子序号	A	B
1	RS-485+	RS-232 DCD
2	RS-485/232 GND	RS-232 RXD
3	RS-232 RTS	RS-232 TXD
4	RS-232 CTS	RS-485−

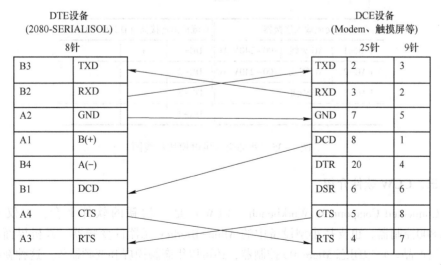

图 1-33　2080-SERIALISOL 通信接线图

6. Micro800 可编程控制器外部交流电源

当系统没有 24V DC 电源供应时，可以使用型号 2080-PS120-240V AC 的电源模块进行供电，图 1-34 为 2080-PS120-240V AC 的电源模块外观图，图 1-35 为外部交流供电模块接线图。其中，PAC-1 为交流电的相线，PAC-2 为交流电的零线，PAC-3 为安全地线；DC-1 和 DC-2 为+DC 24V，DC-3 和 DC-4 为-DC 24V，承受的最大直流电流为 1.6A。

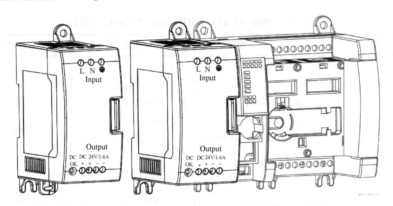

图 1-34　2080-PS120-240V AC 的电源模块外观图

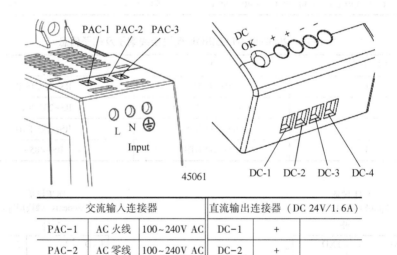

交流输入连接器			直流输出连接器（DC 24V/1.6A）	
PAC-1	AC 火线	100~240V AC	DC-1	+
PAC-2	AC 零线	100~240V AC	DC-2	+
PAC-3	安全接地		DC-3	－
			DC-4	－

图 1-35　外部交流供电模块接线图

三、CCW 软件介绍

Connected Components Workbench（CCW）是一款新的软件平台，不仅支持 Micro800 控制器，也支持小型设备中的 Allen-Bradley 元器件变频器、人机界面及运动控制产品。可以组态 Micro800 控制器，还可以组态触摸屏和变频器等。这种新型软件基于罗克韦尔自动化和 Microsoft Visual Studio 的成熟技术，为 PanelView Component

操作员产品提供了控制器编程、设备配置，以及与人机界面编辑器共享数据的功能。此外，该软件可支持三种标准 IEC 编程语言：梯形图、功能块图和结构化文本。为增强安全性，所有 Micro800 控制器均支持控制器密码保护。

（一）CCW 软件的优势

1. 易于组态

单一软件包可减少控制系统的初期搭建时间，具体表现为：

（1）通用而简易的组态方式，有助于缩短开发时间；

（2）提供向导以引导用户对 PowerFlex 变频器进行组态；

（3）连接方便，可通过即插即用 USB 通信选择设备；

（4）可使用内置功能块代替接线来组态安全继电器。

2. 易于编程

用户自定义功能块图可加快机器开发工作，主要有：

（1）使用梯形图、功能块图和支持符号寻址的结构化文本编辑器对 Micro800 进行编程；

（2）采用 Microsoft 和 IEC 61131-3 PLC 编程标准；

（3）标准 PLCopen 运动控制指令可简化脉冲串输出轴编程。

3. 易于可视化

标签组态和屏幕设计可简化操作员界面组态工作，表现在：

（1）CCW 软件将 PanelView Component/PanelView 800 应用程序开发与 Micro800 控制器相集成；

（2）HMI 标签可直接引用 Micro800 变量名，降低复杂度并节省时间。

CCW 软件对计算机硬件要求和软件要求见表 1-18 和表 1-19。

表 1-18　CCW 软件对计算机硬件要求

硬件	最小要求	推荐
处理器	InteI Pentium 4 2.8GHz 或同等产品	Intel Core i5 2.4GHz 或同等产品
内存	2GB	8GB 或以上
硬盘空间	10GB 可用空间	10GB 可用空间或以上
光驱	DVD-ROM	
鼠标	任何与 Microsoft Windows®兼容的指针式设备	

表 1-19　CCW 软件对计算机软件要求

支持的操作系统	通过测试的版本
Windows® 7 SP1	32 位和 64 位
Windows® 8 和 8.1	32 位和 64 位
Windows® Server 2008 R2	64 位
Windows® Server 2012	64 位
Windows® Server 2012 R2	64 位

5.0 版本之前的版本，可以在 Windows XP SP3 之后的版本安装，而 6.0 版本开始要求在 Microsoft Windows 7 系统上安装，且都支持汉化版本，目前已经更新到 11.0 版本了。

视频—CCW
软件安装

微课—CCW
软件使用

微课—地址
分配介绍

（二）CCW 软件下载

（1）软件可在官方网站下载。如没有账户登录，请点击按要求创建自己的账号。

（2）已经注册好后，在下列网址中的"FIND DOWNLOADS"搜索栏中输入"CCW"，根据电脑配置选择 10.00.00 以上版本下载。

四、BOOTP 软件

（一）BOOTP 软件简介

BOOTP 软件是可以检测到局域网内所有的 A-B 设备，在对设备进行 IP 地址分配的过程中，需要找到设备所对应的 MAC（ID），这个 MAC 通俗意义上指的就是机器本身的代码，也就是物理地址。图 1-36 和图 1-37 分别为 Micro850 及 PowerFlex525 变频器外观名牌上的 MAC（ID）。

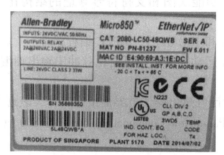

图 1-36　Micro850 的 MAC（ID）

图 1-37　PowerFlex525 变频器的 MAC（ID）

如图 1-38 所示，E4:90:69:A2:B9:53 为 BOOTP 软件扫描到的 Micro850 的物理地址。

注意：BOOTP 软件如果在使用时不能检测出相关设备，则需要上电重新启动。若还是无法刷新动态地址，就要打开网络和共享中心关闭 Windows 对应的防火墙。

（二）BOOTP 软件对变频器进行 IP 地址分配

（1）在文件夹 Rockwell Software，找到"BOOTP/DHCP Server"软件。

（2）点击软件弹出如图 1-39 所示的对话框，点击确定选择"Cancel"，即不需要进行配置任何的地址。

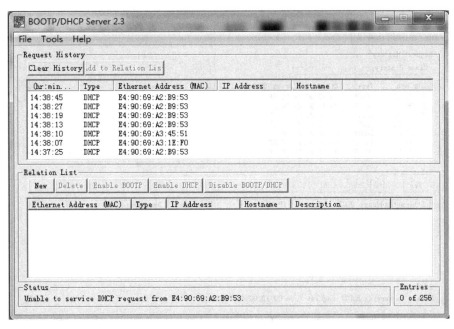

图 1-38   BOOTP 软件扫描到的 Micro850 的 MAC（ID）

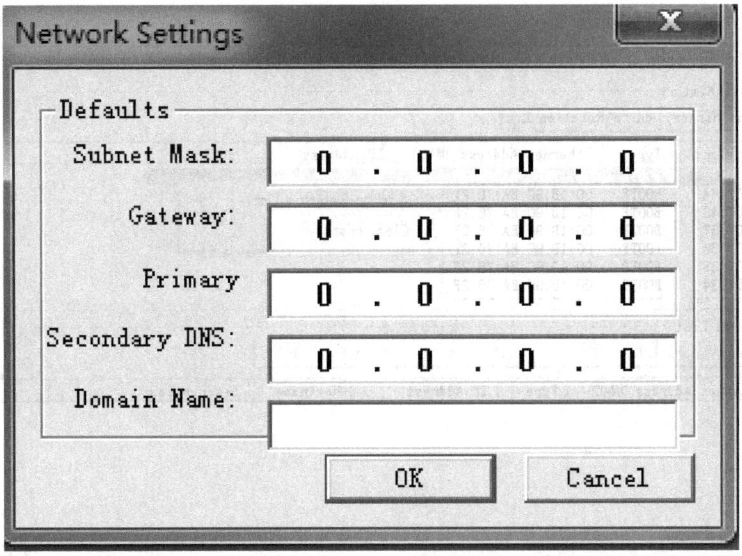

图 1-39   BOOTP/DHCP Server 软件打开界面

（3）如果设备已经在同一个局域网内，就可以跳出图 1-40 所示画面，如跳不出来，需要对图 1-39 的网关及子网掩码进行设置，保证在同一个网段内。

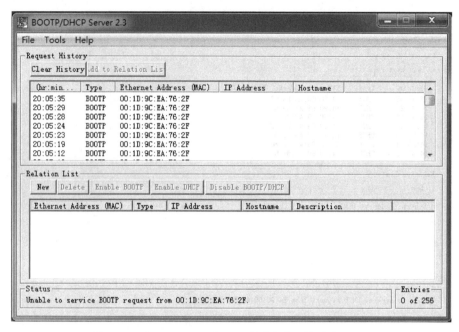

图 1-40　BOOTP/DHCP Server 软件扫描到的变频器 ID

（4）在任意一个 00:1D:9C:EA:76:2F 字符串，点击鼠标右键弹出如图 1-41 所示的画面。

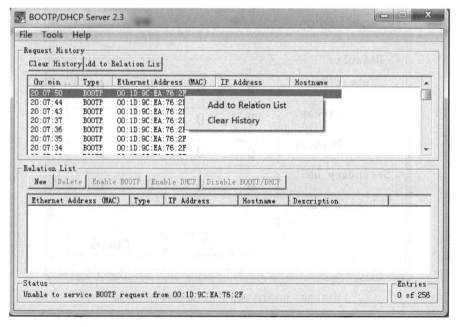

图 1-41　对变频器 ID 进行配置

（5）选择"Add to Relation List"弹出如图 1-42（a）所示的画面，在 IP 这一栏中进行 IP 地址设置，填写原则保证在同一个网段，且跟实验平台的其他设备不发生冲突。本次设备为"192.168.1.96"，如图 1-42（b）所示。

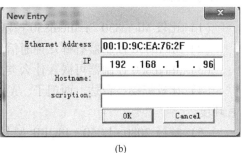

（a）   （b）

图 1-42　对变频器进行 IP 地址分配

（6）点击"OK"变频器 IP 地址分配完成，如图 1-43 所示。

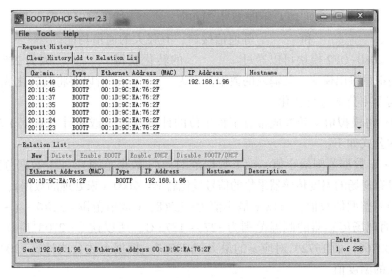

图 1-43　变频器 IP 地址分配完成

微课—
RSLinx
软件介绍
和路由器
互联介绍

视频—
CCW 软件
官方介绍

视频—罗克
韦尔智能控
制技术发展
介绍

五、RSLinx 软件

（1）RSLinx 的主要作用：简单地说，RSLinx 软件就是解决计算机访问罗克韦尔产品途径，为其软件提供全套的通信服务。同时，还提供了数种开放接口用于与第三方人机界面系统、数据采集/分析系统、客户应用程序软件进行通信。

（2）RSLinx 软件安装不同的授权就变成了不同的版本，常见有四种版本，分别是 RsLinx lite、RSLinx single node、RSLinx Professional、RSLinx Gateway。

1）RSLinx lite 主要功能就是 PLC 的编程和硬件的组态。

2）RSLinx Professional 是广泛使用的，它包含了 OPC 和 DDE 的功能，以及 PLC 和其他设备数据查看的功能。

3）RSLinx Gateway 是最功能最完全的版本，它支持 Remote OPC 和网关功能，视频—
Micro850、
变频器及
触摸屏企
业解决方
案1

就是说用户可以把一台安装有 RSLinx 的计算机当作一个网关从而访问到自己的 PLC，是远程访问的必备软件。

➤ **思考与练习**

（1）比较 Micro830 与 Micro850 控制器，说说各自的优缺点。

（2）Micro850 控制器有哪几种通信形式，输入/输出有哪几种类型？

（3）Micro800 控制器可嵌入什么类型的模块，最多能嵌入多少个？

（4）比较三菱、台达、西门子、A-B 及信捷小型 PLC 各自的硬件特点及其编程环境。

（5）解释 2080-LC50-48QBB 型号的含义，本型号的高速输入点的范围是多少？

（6）Micro850 控制器通信接口有_____、_____及_____以太网。

（7）PLC 投入运行后，其工作过程一般分为三个阶段，即_____、_____和_____。

（8）Micro800 系列 PLC 不同型号之间的_____插件可以共用，内置_____、_____、_____和_____等通信接口，有强大的通信功能。

（9）2080-OF2 模块可以通过_____的转化获得_____。因为 2080-OF2 是_____模拟量输出模块，其输入的数据范围为_____，所以要将其转化成_____电压就需要用公式进行转化。

（10）将模拟值 x 转换成带有工程单位的计算数值 Y 或将计算数据 Y 转换成模拟值 x 的公式如下：

$Y = [(x - x$ 数据范围最小值$) * (Y$ 数据范围$) / (x$ 数据范围$)] + Y$ 数据范围最小值

假设有现场的温度传感器采集的信号量化后 $x = -2000$（未处理的数据），由于它是 16 位有符号整型值数值，所以 x 最小值为 -32768，x 数值范围 $= 32767 - (-32768) = 65535$。而现场传感器的测温范围为 $-270 \sim 1372℃$，所以这个 $-270℃$ 应该对应 x 的最小值 -32768，而 $1372℃$ 对应 x 的最大值 32767。根据上述公式计算 -2000 转换为实际对应的温度值。

（11）阐述 RSLinx 与 BOOTP 软件的特点。

视频—
Micro850、
变频器及
触摸屏企
业解决方
案2

视频—
Micro850、
变频器及
触摸屏企
业解决方
案3

微课—智能
控制技术发
展介绍及实
训平台简介

微课—
Micro800
控制器硬件
发展介绍

模块 2　Micro850 控制器基本逻辑指令及其应用

- **知识目标**

　　（1）了解 Micro850 控制器的工作方式和编程方式。

　　（2）了解 Micro850 控制器常用数据类型。

　　（3）掌握 Micro850 控制器基本指令。

　　（4）了解 Micro850 控制器 I/O 模块的组态方式。

- **技能目标**

　　（1）正确分析任务要求，熟练运用基本指令按程序设计编写。

　　（2）能运用"设置线圈（置位指令）"和"重设线圈（复位指令）"进行程序编写。

　　（3）根据模块任务要求列出 I/O 分配表、PLC 的外部接线图及梯形图。

　　（4）能熟练使用 CCW 软件对程序进行调试。

　　（5）能熟练运用实验平台对程序进行调试，实际或模拟完成任务要求。

　　（6）掌握 Micro850 控制器程序编写时中间变量的使用方法。

- **思政引导**

　　自 2019 年开始，华为遭到了以美国为首的几个国家特定的"待遇"。1 月下旬，美国司法部公布了对华为的起诉书，其中包括涉嫌盗窃知识产权、妨碍司法及涉嫌逃避美国制裁的欺诈行为等 23 项罪名。华为公司任正非接受日媒采访时表示，即使没有高通和美国其他芯片供应商供货，华为也不会有事。2014—2018 年间，华为销售收入的复合年均增长率为 26%。"恐吓贸易伙伴的政策一个接着一个，美国剥夺了企业冒险赴当地投资的意愿，美国将失去信誉。"任正非说道。

　　2020 年，华为把基于鲲鹏与升腾处理器的产品作为一个重要增长方向，将长期在美国对领先技术持续打压的逆境中求生存、谋发展。华为事件告诫我们，只有科技创新，拥有自主知识产权，才能在全球市场上拥有核心竞争力。

任务 2.1　电动机点动、连续控制和正反转控制系统改造设计

2.1.1　任务描述

2.1.1.1　电动机点动与连续控制系统改造设计

　　分析图 2-1 所示电路工作原理，用 Micro850 控制器实现电动机点动与连续控制

微课—电气
设备改造课
题任务布置

视频—点动
与连续

视频—电机
连续

的要求，并在实训平台上用指示灯或者发光二极管进行程序的模拟调试，即用指示灯亮灭情况代表主电路的接触器 KM 的分合动作情况，电动机模拟调试运行情况见表 2-1。

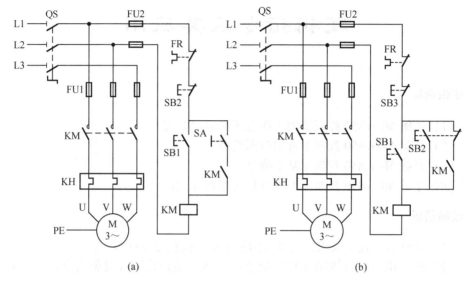

图 2-1　三相异步电动机点动（a）与连续控制（b）电路

表 2-1　发光二级管模拟调试动作分合对照表

执行操作	电动机连续控制	电动机点动控制	电动机停止控制
按下 SB1	LED 持续亮（即 KM 持续吸合）	—	—
按下 SB3	—	—	LED 灭（即 KM 断电）
按下 SB2	—	LED 点动亮（即 KM 点动吸合）	—
操作 KH	在发光管 LED 连续发亮的前提下操作 FR，此时相当于过载而熄灭	—	—

视频—电机
的正反转

2.1.1.2　电动机正反转控制系统改造设计

图 2-2 是三相异步电动机的正反转控制电路，该电路在"电气控制技术"技能学习已经进行了电路的安装、接线与排故训练，现用 Micro850 控制器来实现该电路改造设计。用直译法进行梯形图指令的编写，在实训平台上用发光二极管模拟调试程序，即用指示灯 LED1、LDE2 的亮灭情况分别代表主电路的两只接触器 KM1、KM2 的分合动作情况。指示灯模拟调试动作分合对照表见表 2-2。

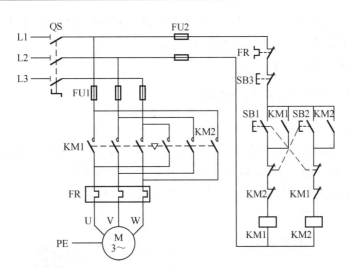

微课—电机的正反转控制

图 2-2 三相异步电动机复合联锁正反装控制电路

表 2-2 发光二级管模拟调试动作分合对照表

执行操作	电动机正转启动	电动机正转停止	电动机反转启动	电动机反转停止
操作 SB1	LED1 亮 （即 KM1 吸合）	—	—	—
操作 SB3	—	LED1 灭 （即 KM1 断电）	—	—
操作 SB2	—	—	LDE2 亮 （即 KM2 吸合）	—
操作 SB3	—	—	—	LED2 灭 （即 KM2 断电）
操作 FR	—	LED1 灭 （即 KM1 断电）	—	LED2 灭 （即 KM2 断电）

2.1.2 任务实施

分析图 2-1 和图 2-2 所示的三相异步电动机工作原理。预习回顾用 PLC 改造继电-接触式控制线路的一般步骤及技巧。学习 PLC 选用原则、程序设计步骤、基本指令的应用及线路的连接等相关知识点。

2.1.2.1 设计流程

（1）按照控制要求设计 Micro850 控制器的输入/输出（I/O）地址分配表。

（2）按照控制要求进行 Micro850 控制器的输入/输出（I/O）接线图的设计。

（3）将编写好的程序录入到 CCW 编程软件，并进行程序的下载及运行。

（4）根据任务要求对程序进行模拟调试。

（5）完成模块的任务评价。

2.1.2.2　实训平台及先导课题

A　实训平台介绍

罗克韦尔自动化实训平台（以下简称"实训平台"）如图 2-3 所示，拥有路由器、Micro850 控制器、PowerFlex525 变频器、带有编码器的马达、威纶触摸屏、按钮、灯及相关电源等设备，实训平台的主回路电气原理图如图 2-4 所示，控制回路原理图如图 2-5 所示。

图 2-3　实训平台

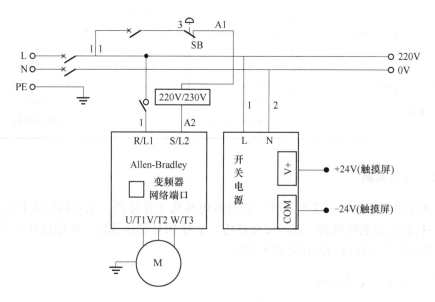

图 2-4　实训平台主电路原理图

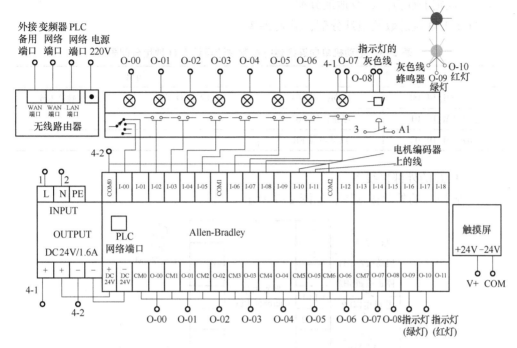

图 2-5　实训平台控制回路原理图

B　先导课题——如何创建程序

创建 Micro850 项目完成编程，实现电动机单向连续运行控制（见图 2-6），运用实训平台指示灯进行模拟操作。

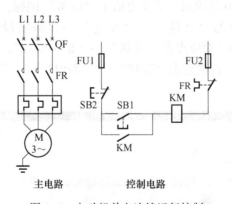

图 2-6　电动机单向连续运行控制

a　项目分析

合上空气断路器 QF 后，按下起动按钮 SB1，KM 得电吸合，电动机运行；松开按钮 SB1，因在起动按钮两端并联了交流接触器 KM 的动合触点，为 KM 导通提供了另一条供电通路，从而实现了控制电路的自保持，电动机可以保持连续运行；按下停止按钮 SB2，KM 失电断开，电动机停止运行，这是典型的电动机单向连续运行控制电路。

b　确定 I/O 点总数及地址分配

确定 I/O 点总数及地址分配，见表 2-3。

表 2-3　电动机单向连续运行控制改造设计 I/O 地址分配表

输入		输出	
_IO_EM_DI_00	启动按钮 SB1	_IO_EM_DO_00	交流接触器 KM
_IO_EM_DI_01	停止按钮 SB2		
_IO_EM_DI_02	热继电器 FR		

c　PLC 的外部接线图

绘制 PLC 的外部接线图，如图 2-7 所示。

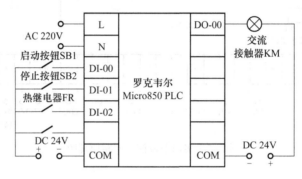

图 2-7　电动机单向连续运行控制 PLC 改造外部接线图

d　CCW 系统图设计

（1）创建 Micro850 新项目。双击桌面上"CCW"图标，打开 CCW 软件。点击 CCW 软件窗口左上角的"文件"→"新建"→"添加设备"-"2080-LC50-48QWB"，版本号与硬件对应点击"选择"→"添加项目"，创建了一个新项目。

（2）添加梯形图。右键点击"程序"→"添加"→"新建 LD 梯形图"，如图 2-8 所示。

微课—任务
实施前导：
CCW 软件
使用回顾

微课—
CCW 软件
操作介绍

微课—
CCW 软件
使用回顾：
硬件及程
序添加

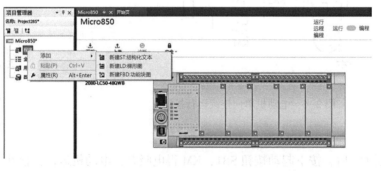

图 2-8　梯形图创建

（3）程序编写——工具箱添加。点击菜单"视图"→"项目管理器"，打开项目窗口。如果该窗口已经打开，通常在左侧，则跳过此步。点击菜单"视图"→

"设备工具箱"，打开设备工具箱项目窗口。如果该窗口已经打开，通常在右侧，则跳过此步。展开设备工具箱如图 2-9 所示。

图 2-9　添加设备工具箱

（4）程序编写——输入按钮编辑。拖拽工具箱中的"直接接触"到梯形图中，出现一个黄色的三角叹号，说明该触点没有被定义。在 I/O-Micro850 中选择"DI_00""DI_01"和"DI_02"作为输入，与表 2-3 的输入相对应。其中 DI_01 和 DI_02 为停止和保护编程设置为常闭按钮。

（5）程序编写——输出按钮编辑。同上述输入按钮编辑一样，拖拽工具箱中的"直接线圈"到梯形图中，在图 I/O-Micro850 中选择"D0_00"作为输出，与表 2-3 的输出相对应。

（6）程序编写——完整程序，如图 2-10 所示。

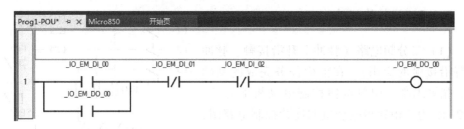

图 2-10　完整程序

（7）程序检验下载进行调试。程序写好后，点击"设备"→"生成"，检验程序是否报错。编写没有问题，检测无误后通过 USB 通信线进行程序下载，点击"确认"，进行系统调试。

（8）程序现象。在实训平台中，按下 DI_00（启动）所对应的按钮，DO_00（KM）所对应的指示灯亮。按下 DI_01（停止）或 DI_01（热继电器），DO_00

（KM）所对应的指示灯灭。

视频—强
制灯亮程
序编写

视频—强制
灯亮操作

特别注意：在电气设备改造时，涉及被改造电气原理图（见图 2-6）、PLC 的外部接线图（见图 2-7）和 PLC 的程序梯形图（见图 2-8）三种图形。三者存在一定的关系，如果将外部接线图 2-7 变成图 2-11，则程序梯形图 2-8 将变为图 2-12。也就是说，当 PLC 的外部接线图接成常开时，程序梯形图与被改造电气原理图按钮的关系为一一对应的关系；当 PLC 的外部接线图接成常闭时，程序梯形图与被改造电气原理图按钮的关系为相反的关系。

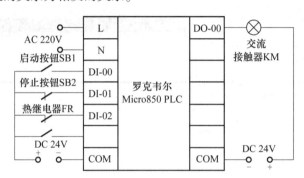

图 2-11　PLC 的外部接线图接成常闭

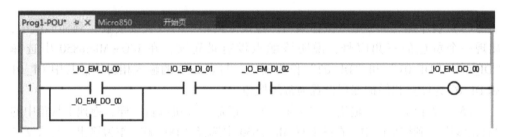

图 2-12　PLC 的外部接线图接成常闭时梯形图

2.1.2.3　扩展训练

（1）二分频电路（脉冲上升沿接触、脉冲下降沿接触的应用）。在前面任务完成的基础上，拓展思维。用单按钮控制电动机的起停。图 2-13 为三相异步电动机的连续控制电路图，是由 SB1 与 SB2 两个按钮分别控制电动机的启动与停止控制的，请用 PLC 进行编程，实现用一个按钮代替两个按钮完成电机的启动与停止功能。

（2）运用"设置线圈（置位指令）"和"重设线圈（复位指令）"完成图 2-13 的编程，要求两个按钮实现。

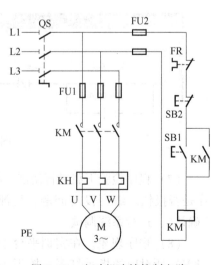

图 2-13　电动机连续控制电路

任务 2.2 楼梯照明、打孔机和电动机双向启动双向反接制动控制系统改造设计

2.2.1 任务描述

2.2.1.1 楼梯照明控制系统设计

如图 2-14 所示为一个楼梯结构图，楼上和楼下有两个开关 LS1 和 LS2，它们共同控制灯 LP1 和 LP2 的亮灭，也就是现实生活中的多地控制系统。实训平台上用指示灯进行程序的模拟调试。

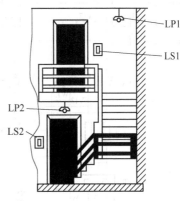

2.2.1.2 打孔机控制系统设计

在实际工作中，常常需要两台或者多台电动机顺序启动、逆序停止的控制方式。如两台电机 M1 和 M2，按下启动按钮 SB1，第一台电机 M1 启动，再按下启动按钮 SB2，第二台电机 M2 启动。完成相应工作后，按下停止按钮 SB3，先停止第二台电

图 2-14 两地控制楼道灯示意图

机 M2，再按下停止按钮 SB4，停止第一台电动机 M1。电路的特点：只有启动 M1 后才能启动 M2，否则无法直接启动 M2；同理，只有当 M2 停止后才能停止 M1，否则无法直接停止 M1。

某公司需要设计安装一台大型打孔机，加工示意图如图 2-15 所示。

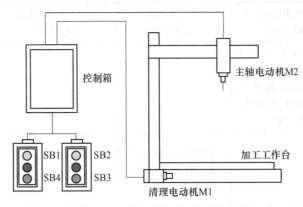

图 2-15 打孔机模拟控制示意图

打孔机控制过程为：

（1）将加工工件放置于打孔工作台上，按下启动按钮 SB1，清理电机 M1 启动，带动传动机构，对打孔工作台进行清理；

（2）按下按钮 SB2，启动主轴电机 M2，对加工工件进行打孔工作；

（3）打孔工作结束，按下停止按钮 SB3，停止主轴电机 M2；

（4）再按下停止按钮 SB4，清理电机 M1 停止，取下加工工件，按成加工过程。

2.2.1.3 三相异步电动机的双向启动双向反接制动控制系统改造设计

图 2-16 所示的电路是三相异步电动机双向启动双向反接制动控制电路，在实训平台上用指示灯模拟调试程序，即用 LED1、LDE2、LED3 的亮灭情况分别代表主电路的三只接触器 KM1、KM2、KM3 的分合动作情况。发光管模拟调试动作分合对照表见表 2-4。

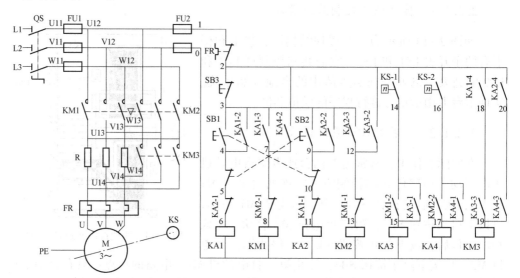

图 2-16 电动机双向启动双向反接制动控制电路

表 2-4 指示灯模拟调试动作分合对照表

执行操作	电动机串电阻正向降压启动	电动机正向反接制动	电动机串电阻反向降压启动	电动机正向反接制动
操作 SB1	LED1 先亮，速度继电器 KS-1 闭合后，LED3 随后亮（即 KM1 先闭合，KM3 随后闭）	—	—	—
操作 SB3	—	LED1、LED3 先灭，LED2 随即亮，LED2 随后又灭	—	LED2、LED3 先灭，LED1 随即亮，LED1 随后又灭
操作 SB2	—	—	LED2 先亮，速度继电器 KS-2 闭合后，LED3 随后亮（即 KM2 先闭合，KM3 随后闭）	—
操作 FR	LED1、LED3 立刻灭（即 KM1、KM3 立刻断电）	—	LED2、LED3 立刻灭（即 KM2、KM3 立刻断电）	—

2.2.2　任务实施

明确图 2-14 和图 2-15 的任务要求，能够正确分析图 2-16 的工作原理及运行过程。预习 PLC 选用原则、程序设计步骤、基本指令的应用及线路的连接等相关知识点。

（1）按照控制要求设计 Micro850 控制器的输入/输出（I/O）地址分配表。

（2）按照控制要求进行 Micro850 控制器的输入/输出（I/O）接线图的设计。

（3）将编写好的程序录入到 CCW 编程软件，并进行程序的下载及运行。

（4）根据任务要求对程序进行模拟调试。

（5）完成模块的任务评价。

任务 2.3　具有跳跃循环的液压动力滑台的设计

2.3.1　任务描述

液压动力滑台的工作循环，油路系统和电磁阀通断如图 2-17 所示。SQ1 为原位行程开关，SQ2 为工进行程开关。在整个工进过程中，SQ2 一直受压，故采用长挡铁。SQ3 为加工终点行程开关。在设计过程中，假设液压泵电机已启动，不用进行 I/O 分配。具体控制要求如下：

（1）工作方式设置为自动循环、手动、单周期；

（2）需要电源指示显示，工进、快进、快退工作状态指示；

（3）有必要的电气保护和联锁；

（4）自动循环或单周运行时应按图 2-17 所示顺序动作。

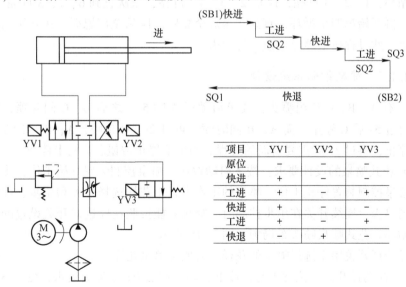

图 2-17　液压动力滑台运行示意图

项目	YV1	YV2	YV3
原位	-	-	-
快进	+	-	-
工进	+	-	+
快进	+	-	-
工进	+	-	+
快退	-	+	-

说明如下：图 2-16 中，按下启动按钮 SB1 后，滑台即从起点开始进入循环，直至压到 SQ3 后滑台自动退回原位；也可按快退按钮 SB2，使滑台在其他任何位置上立即退回原位。

2.3.2　任务实施

（1）按照控制要求设计 Micro850 控制器的输入/输出（I/O）地址分配表。

（2）按照控制要求进行 Micro850 控制器的输入/输出（I/O）接线图的设计。

（3）将编写好的程序录入到 CCW 编程软件，并进行程序的下载及运行。

（4）根据任务要求对程序进行模拟调试。

（5）完成模块的任务评价。

任务 2.4　跑马灯、喷泉及自动门控制系统设计

2.4.1　任务描述

2.4.1.1　跑马灯

（1）按下启动按钮，从第一盏灯间隔 2s 按顺序点亮，不熄灭前面点亮的灯，直至八盏灯全部点亮，再从最后点亮的那盏灯开始按顺序间隔 2s 依次熄灭。此过程按下停止按钮，灯全灭。

（2）按下启动按钮，第一个循环：第一盏灯亮，1s 后第二盏灯亮，前面的灯灭掉，到第八盏灯亮 1s 后全部熄灭。第二个循环：先亮第一盏和第二盏灯，1s 后再亮第二盏和第三盏灯，前面的灯灭掉，直到第七盏和第八盏灯亮 1s 后全部熄灭。第三个循环：1、2、3 灯亮，1s 后 2、3、4、灯亮，依次直到 6、7、8 灯亮 1s 后全部熄灭。再开始第四个循环，直到八盏灯全亮后，1s 后全部熄灭。在开始上述一个循环过程，此过程按下停止按钮后灯全灭。

2.4.1.2　喷泉控制系统设计

（1）有 A、B、C 三组喷头，要求启动后 A 喷 5s，之后 B、C 同时喷，5s 后 B 停止，再过 5s 后 C 停止，而 A、B 同时喷，再过 2s，C 也喷，A、B、C 同时喷 5s 后全部停止，再过 3s 后重复前面的过程。当按下停止按钮后，马上停止。

（2）花式喷泉的设计要求：按下启动按钮，喷泉控制装置开始工作，按下停止按钮，喷泉控制装置停止工作。喷泉的工作方式由花样选择开关和单步、连续开关决定。当单步、连续开关在单步控制时，喷泉只能按照花样选择开关设置的方式运行一个循环。花式喷泉喷头布局图如图 2-18 所示。

花样选择开关用于选择喷泉的花样，有四种喷水花样。

1）花样选择开关在位置 1 时，按下启动按钮后 P1 号喷头喷水，延迟 3s 后 P2 号喷头喷水；再延迟 3s 后，P3 号喷头喷水，又延迟 3s 后 P4 号喷头喷水。5s 后，如果为单步工作方式，则停止；如果为连续工作方式，则继续循环下去。

微课—定时
器任务 1

微课—定时
器任务 2

微课—用
PLC 实现彩
灯的控制

微课—跑马
灯程序编写

视频—流水
灯程序编写

视频—流水
灯操作

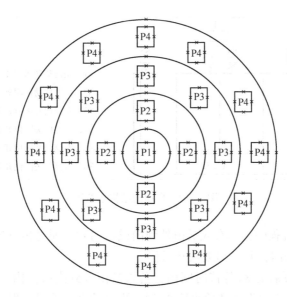

图 2-18　花式喷泉喷头布局图

2）花样选择开关在位置 2 时，按下启动按钮 P4 号喷泉喷水，延迟 3s 后 P3 号喷泉喷头喷水，再延迟 3s 后 P2 号喷头喷水，又延迟 3s 后 P1 号喷头喷水。5s 后，如果为单步工作方式，则停止；如果为连续工作方式，则继续循环下去。

3）花样选择开关在位置 3 时，按下启动按钮后 P4 号、P2 号喷头同时喷水，延迟 3s 后 P3 号、P1 号喷头同时喷水，P4 号、P2 号喷头停止喷水。如此交替 12s 后，4 组喷头全喷水。10s 后，如果为单步工作方式，则停止；如果为连续工作方式，则继续循环下去。

4）花样选择开关在位置 4 时，按下启动按钮后，按照 P4-P3-P2-P1 的顺序，依次间隔 3s 喷水，然后一起喷水。5s 后，按照 P1-P2-P3-P4 的顺序分别延迟 3s 依次停止喷水。在经 1s 延迟时，按照 P1-P2-P3-P4 的顺序，依次间隔 3s 喷水，然后一起喷水。10s 后，如果为单步工作方式，则停止；如果为连续工作方式，则继续循环下去。

2.4.1.3　自动门控制系统设计

现实生活中，酒店、银行、商场及写字楼等地方自动门随处可见，其工作方式是通过内外两侧的感应开关来感应人的出入。当有人进入或者靠近时，感应传感器给控制器一个输入信号，控制器通过驱动装置开门。让人通过后，再将门关上。具体控制要求如下。

（1）当有人由内到外或由外到内通过传感器探测器 S1 或 S2（见图 2-19）时，开门执行机构 KM1、KM3 动作，电动机正转，到达开门限位开关 S3、S5 位置时，电机停止运行。

（2）自动门在开门位置停留 8s 后，进入关门过程，关门执行机构 KM2、KM4 启动，电动机反转；当门移动到关门限位开关 S4、S6 位置时，电机停止运行。

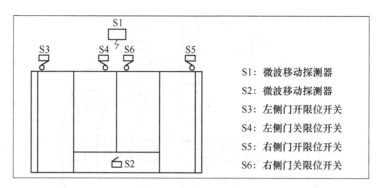

图 2-19　自动门结构示意图

（3）在关门过程中，当有人员由外到内或由内到外通过传感器探测器 S2 或 S1 时，应立即停止关门，并自动进入开门程序。

（4）在门打开后的 8s 等待时间内，若人员由外到内或由内到外通过传感器探测器 S2 或 S1 时，必须重新开始等待 8s 后，再自动进入关门过程，以保证人员安全通过。

（5）当自动门处于手动状态时，可通过 S3、S4、S5、S6 限位开关进行相关的开门或者关门控制。

（6）按下启动按钮 SB1 时，自动门开始运行，绿色指示灯亮；按下按钮 SB2 时，自动门停止运行，红色指示灯亮。

注：（5）中，为了便于维护，自动门应有手动和自动两种工作方式。（1）中，按下停止按钮，自动门进入关门过程。

2.4.2　任务实施

按任务描述情况，分别完成跑马灯、喷泉及自动门控制系统设计，在制定控制系统的方案时，充分考虑工程的组成及实现，主要从机械部件的动作顺序、动作条件、必要的保护和联锁、系统工作方式（如手动、自动、半自动）和安全保护措施及紧急情况处理等着手设计。

2.4.2.1　设计流程

（1）按照控制要求设计 Micro850 控制器的输入/输出（I/O）地址分配表。

（2）按照控制要求进行 Micro850 控制器的输入/输出（I/O）接线图的设计。

（3）将编写好的程序录入到 CCW 编程软件，并进行程序的下载及运行。

（4）根据任务要求对程序进行模拟调试。

（5）完成模块的任务评价。

2.4.2.2　先导课题

定时器 TON 的应用，TON 将内部计时器增加至指定值，其参数列表见表 2-5，时序图如图 2-20 所示。

表 2-5　延时通增计时功能块参数列表

参数	参数类型	数据类型	描述
IN	Input	BOOL	上升沿，开始增大内部计时器；下降沿，停止且复位内部计时器
PT	Input	TIME	最大编程时间，见 Time 数据类型
Q	Output	BOOL	真：编程的时间已消耗完
ET	Output	TIME	已消耗的时间，允许值：0~1193h2min47s294ms

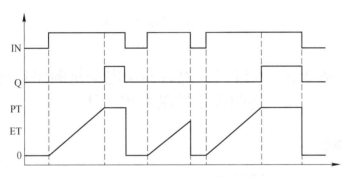

图 2-20　延时通增计时功能块时序图

在 CCW 软件里编辑过程如下。

（1）在打开的梯形图里，选择工具箱中的"指令块"，在搜索栏中打入"TON"，如图 2-21 所示。

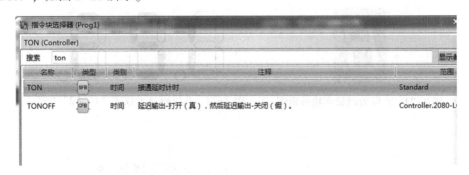

图 2-21　在 CCW 里添加 TON 指令

（2）TON 中的"IN"为输入按钮，为启动功能块用；PT 为具体延时的时间，格式为"T#"+时间，如延时 5s，写作：T#5s。延时时间到，其对应的触点动作。

（3）应用案例如图 2-22 所示，该程序在现场常用于检测故障信号，当探测故障发生的信号进来时，需要马上动作继而使设备停机，如果故障信号只是一个干扰信号，停机会造成麻烦。所以一般情况下会将这个信号延时一段时间，确定故障真伪，再进行相应动作。使用了延时通计时指令来实现这一功能，将计时器的预定值定义为 3s，如果 TON 的梯级条件 fault 能保持 3s，则故障输出动作的产生将延时 3s

执行。如果这是一个干扰信号，不到 3s 便已经消失，计时器的梯级条件随之消失，计时器复位，完成位不会置位，故障输出动作不会发生。

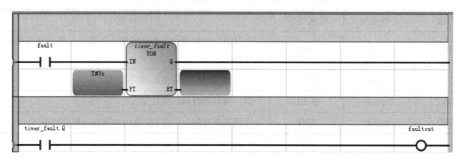

图 2-22　TON 故障检测案例

任务 2.5　八段码、抢答器及电动机顺序启动逆向停止控制系统设计

2.5.1　任务描述

2.5.1.1　八段码控制系统设计

微课—八段码控制系统设计

视频—八段码程序编写

视频—八段码操作

如图 2-23 为八段数码管的外形图，它实质上是七只发光二极管组成的阿拉伯数字及数字后的小数点显示器，其工作原理如图 2-24 与图 2-25 所示。下面请按照下列要求进行 PLC 的程序设计与调试。

图 2-23　八段数码管实物外形图

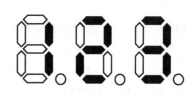

图 2-24　八段码显示数字"1""2""3"

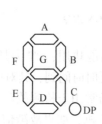

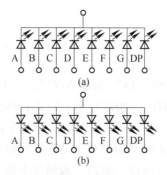

图 2-25　八段码显示电路原理图

（a）共阴极；（b）共阳极

设计要求如下：用 PLC 实现输出控制对象——八段码显示器从 0~9 十个阿拉伯数字的升序连续显示，要求升序显示的阿拉伯数字间的时间间隔为 1s，并且用两个按钮分别实现数字显示的启动与停止。

2.5.1.2　抢答器控制系统设计

一个四组抢答器如图 2-26 所示。任意一组抢先按下按键后，显示器能及时显示该组的编号并使蜂鸣器发出响声，同时锁住抢答器，使其他组按下按键无效，抢答器有复位开关，复位后可以重新抢答。

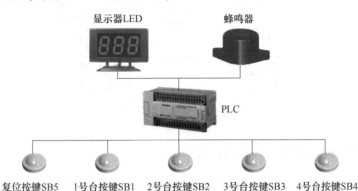

图 2-26　四组抢答器的结构示意图

微课—抢答器控制系统设计

视频—抢答器程序编写

视频—抢答器操作

2.5.1.3　电动机顺序启动逆向停止控制系统设计

用 PLC 设计一套三级皮带运输机的控制。现实生产中，为了避免物料在运输途中堆积，实现正常传输，皮带运输的三台拖动电动机 M1、M2 和 M3 启动时要按一定时间间隔顺序启动：M1 到 M2 时间间隔 5s，M2 到 M3 时间间隔 5s；停车时也按一定时间间隔逆序停车：M3 到 M2 时间间隔 3s，M2 到 M1 时间间隔 3s。

2.5.2　任务实施

按任务描述情况，分别完成八段码、抢答器及电动机顺序启动逆向停止控制系统设计。

（1）按照控制要求设计 Micro850 控制器的输入/输出（I/O）地址分配表。

（2）按照控制要求进行 Micro850 控制器的输入/输出（I/O）接线图的设计。

（3）将编写好的程序录入到 CCW 编程软件，并进行程序的下载及运行。

（4）根据任务要求对程序进行模拟调试。

（5）完成模块的任务评价。

任务 2.6　运料小车和大小球分拣控制系统设计

2.6.1　任务描述

2.6.1.1　运料小车控制系统设计

在自动化生产线上经常使用运料小车，如图 2-27 所示。货物通过运料小车 M

微课—运料
小车控制系
统设计

视频—运
料小车程
序编写

视频—运料
小车操作

从 A 地运到 B 地，在 B 地卸货后小车 M 再从 B 地返回 A 地待命，本任务用 PLC 来控制运料小车的工作。假设小车开始停在左侧限位开关 SQ2 处，按下启动按钮，装料电动机变为 ON，打开储料斗的闸门，开始装料，3s 后关闭贮料斗的闸门，小车右行，碰到限位开关 SQ1 后停下来卸料，卸料电动机为 ON，2s 后卸料停止，小车左行，碰到限位开关 SQ2 后返回初始状态，停止运行。

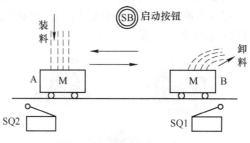

图 2-27　运料小车示意图

2.6.1.2　大小球分拣控制系统设计

某机械手用来分选钢质大球和小球，系统运行原理如图 2-28 所示。具体控制要求如下。

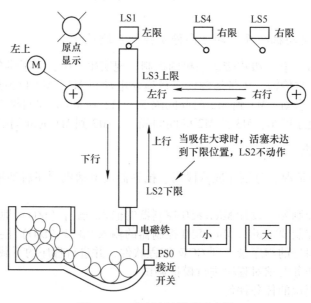

图 2-28　系统运行原理示意图

（1）机械手最开始处于原点位置，即是左限、上限位置且有原点显示。

（2）启、停按钮分别控制机械手的运转，其中停止按钮按下后系统需恢复至原点。

（3）启动后，机械臂动作顺序为：下行→吸球→上行至上限→右行至右限→下行→放球→上行至上限→左行至原点。

（4）右限位置有大球右限和小球右限；下行吸球时，若吸住的是大球，下限开关 LS2 断开（＝"0"）；吸住小球时，下限开关 LS2 接通（＝"1"）。

（5）控制系统停止有以下三种情况：

1）若接近开关 PSO 检测到球槽内无球，则系统停止运行；

2）停止按钮 SB2 按下，则运行完此次循环后系统停止运行且恢复至原点；

3）若急停按钮 SB3 按下，则无论系统处于任何位置立刻停止运行。

2.6.2　任务实施

按任务描述情况，分别完成运料小车和大小球分拣控制系统设计。

（1）按照控制要求设计 Micro850 控制器的输入/输出（I/O）地址分配表。

（2）按照控制要求进行 Micro850 控制器的输入/输出（I/O）接线图的设计。

（3）将编写好的程序录入到 CCW 编程软件，并进行程序的下载及运行。

（4）根据任务要求对程序进行模拟调试。

（5）完成模块的任务评价。

➤ **任务评价**

表 2-6 为课程专业能力评分表。

表 2-6　"××"课程专业能力评分表

模块名称：_____

班级：_____　　小组：_____　　完成成员：_____

序号	主要内容	考核要求	评分标准	配分	扣分	得分
1	电路及程序设计	根据任务要求列出 PLC 输入/输出（I/O）地址分配表输入/输出（I/O）口的接线图；根据控制要求设计 PLC 梯形图程序	（1）PLC 输入/输出（I/O）地址遗漏或错误，每处扣 5 分；（2）PLC 输入/输出（I/O）接线图设计不全或有错误，每处扣 5 分；（3）梯形图不正确或画法不规范，每处扣 5 分	40		
2	程序输入及调试	熟练操作软件及实训平台相关设备，能正确进行程序录入、程序下载及上传；按任务进行模拟调试，达到设计要求	（1）不会 CCW 软件操作或者不够熟练，扣 10 分；（2）不会使用平台按钮、电源及指示灯，扣 10 分；（3）指令输入不正确，每处扣 5 分；（4）模拟调试功能不全，扣 10 分	30		
3	回答问题	根据设计题目及所编写的程序结合本课题的实际情况提出相应的问题	（1）提出 1~2 个问题，每错一处扣 5 分；（2）提出一些新的建议及想法加 5 分	10		

微课—基于 PLC 的分拣控制系统设计

视频—分拣系统操作

微课—全自动洗衣机控制系统设计

微课—基于 PLC 的自动售货机设计与实现

视频—三层升降机构控制系统

视频—脉冲程序编写

视频—脉冲与二分频电路操作

续表 2-6

序号	主要内容	考核要求	评分标准	配分	扣分	得分
4	课题试验检验	在保证人身和设备安全，及操作规范的前提下，通电试验一次成功	（1）操作调试不规范，每次扣 5 分； （2）一次调试不成功，扣 10 分； （3）两次调试不成功，扣 20 分	20		
5	6S 管理制度	（1）安全文明生产； （2）自觉在实训过程中融入"6S"管理理念； （3）有组织，有纪律，守时诚信	（1）违反安全文明生产规程，扣 5~40 分； （2）乱线敷设，加扣不安全分，扣 10 分； （3）工位不整理或整理不到位，酌情扣 10~20 分； （4）随意走动，无所事事，不刻苦钻研，酌情扣 5~10 分； （5）不思进取，无理取闹，违反安全规范，取消实训资格，当天实训课题 0 分	倒扣分		
6	课堂异常情况记录					
备注			合计	100		
额定时间 120min	开始时间		结束时间	考评员或任课教师签字		年　月　日

➤ 相关知识点

一、Micro800 控制器编程语言

通常 PLC 不采用微机的编程语言，而采用面向控制过程、面向实际问题的自然语言编程，这些编程语言有梯形图、逻辑功能图、布尔代数式等。如罗克韦尔自动化公司所有的 PLC（Micro800、MicroLogix、SLC 500、PLC-5 和 ControlLogix）都支持梯形图（LD）的编程方式。Micro800 控制器支持三种编程方式，即梯形图、功能块和结构化文本编程，其最大的特点就是每种编程方式都支持功能块化的编程。下面分别介绍这三种方式。

（一）梯形图

梯形图一般由多个不同的梯级（RUNG）组成，每个梯级又由输入及输出指令组成。在一个梯级中，输出指令应出现在梯级的最右边，而输入指令则出现在输出指令的左边，如图 2-29 所示。

梯形图表达式是从原电器控制系统中常用的接触器、继电器梯形图基础上演变而来的。它沿用了继电器的触点、线圈、串联等术语和图形符号，并增加了一些继

图 2-29 梯形图

电接触控制没有的符号。梯形图形象、直观，对于熟悉继电器方式的人来说，非常容易接受，而不需要学习更深的计算机知识。这是一种最为广泛的编程方式，适用于顺序逻辑控制、离散量控制、定时、计数控制等。

(二) 功能块

1. 功能块简介

在 Micro800 控制器中可以用功能块（FBD，Function Block Diagram）编程语言编写一个控制系统中输入和输出之间的控制关系图。用户也可以使用现有的功能块组合，编辑成需要的用户自定义功能块。

每个功能块都有固定的输入连接点和输出连接点，输入和输出都有固定的数据类型规定。输入点一般在功能块的左边，输出点在右侧。

在 FBD 中同样可以使用梯形图（LD）编程语言中的元素，如线圈、连接开关按钮、跳转、标签和返回等。与梯形图编程语言不同的是，在功能块编程中所使用的元素放置位置没有过多限制，不像在梯形图中对每个元素有严格规定的位置。在 FBD 编程语言中同样支持使用功能块操作，如操作指令、函数等大类功能块及用户自定义的功能块等（只在 Connected Components Workbenc 中）。

输入和输出变量与功能块的输入和输出用连接线连接。信号连接线可以连接如下块的两类逻辑点：输入变量和功能块的输入点，功能块的输出和另一功能块的输入点，功能块的输出和输出变量。连接的方向表示连接线带着得到的数据从左边传送到右边，连接线的左右两边必须有相同的数据类型。功能块多重的右边连接分支也称为分支结构，可以用于从左边扩展信息至右边。注意数据类型的一致性。

2. 调试功能块

调试 FBD 程序时，需要在语言编辑器中监视元素的输出值。这些值使用颜色、数字或文本值加以显示，具体取决于它们的数据类型。

布尔数据类型的输出值使用颜色进行显示。值为"真"时，默认颜色为红色；值为"假"时，默认颜色为蓝色。输出值的颜色将成为下一输入。输出值不可用时，布尔元素为黑色。

注意：可以在"选项"窗口中自定义用于布尔项的颜色。

SINT、USINT、BYTE、INT、UINT、WORD、DINT、UDINT、DWORD、LINT、ULINT、LWORD、REAL、LREAL、TIME、DATE 和 STRING 数据类型的输出值在元素中显示为数字或文本值。

当数字或文本值的输出值不可用时，在输出标签中会显示问号（?）。值还会显示在对应的变量编辑器实例中。

(三) 结构文本

结构化文本（ST）类似于 BASLC 语言，利用它可以很方便地建立、编辑和实现复杂的算法，特别是在数据处理、计算存储、决策判断、优化算法等涉及描述多种数据类型变量应用中非常有效。

1. 结构化文本（ST）主要语法

ST 程序是一系列 ST 语句，下列规则适用于 ST 程序：

（1）每个语句以分号（";"）分隔符结束；

（2）源代码（如变量、标识符、常量或语言关键字）中使用的名称用不活动分隔符（如空格字符）分隔，或者用意义明确的活动分隔符（如">"分隔符表示"大于"比较）分隔；

（3）注释（非执行信息）可以放在 ST 程序中的任何位置，注释可以扩展到多行，但是必须以"（*"开头，以"*）"结尾。

注意：不能在注释中使用注释。

2. 表达式和括号

ST 表达式由运算符及其操作数组成。操作数可以是常量（文本）值、控制变量或另一个表达式（或子表达式）。对于每个单一表达式（将操作数与一个 ST 运算符合并），操作数类型必须匹配。此单一表达式具有与其操作相同的数据类型，可以用在更复杂的表达式中。

示例：

(boo_varl AND boo_var2)	BOOL 类型
Not(boo_varl)	BOOL 类型
(sin(3.14)+0.72)	REAL 类型
(t#1s23+1.78)	无效表达式

括号用于隔离表达式的子组件，以及对运算的优先级进行明确排序。如果没有为复杂表达式加上括号，则由 ST 运算符之间的默认优先级来隐式确定运算顺序。

示例：

2+3*6	相当于 2+18=20	乘法运算具有比较高优先级
(2+3)*6	相当于 5*6=30	括号给定了优先级

3. 调用函数和功能块

ST 编程语言可以调用函数，可以在任何表达式中使用函数调用。函数调用包含的属性见表 2-7。

表 2-7 函数调用属性

属性	说明
名称	被调用函数的名称以 IEC61131-3 语言或 C 语言编程
含义	调用结构化文本（ST）、梯形图（LD）或功能块图（FBD）函数或"C"函数，并获取其返回值
语法	:=(,…);
操作数	返回值的类型和调用参数必须符合为函数定义的接口
返回值	函数返回值

ST 编程语言调用功能块，可以在任何表达式中使用功能块。功能块调用属性见表 2-8。

表 2-8　功能块调用属性

属性	说明
名称	功能块实例的名称
含义	从标准库中（或从用户定义的库中）调用功能块，访问其返回参数
语法	（＊功能块的调用＊） … （＊获取其返回参数＊） ；＝.； … ：＝.；
操作数	参数是与该功能块指定的参数类型相匹配的表达式
返回值	参见上面的"语法"以获取返回值

二、Micro800 控制器的内存组织

Micro800 控制器的内存可以分为数据文件和程序文件两大部分。下面分别介绍这两部分内容。

1. 数据文件

Micro800 控制器的变量分为全局变量和本地变量，其中 I/O 变量默认为全局变量。全局变量在项目的任何一个程序或功能块中都可以使用，而本地变量只能在它所在的程序中使用。不同类型的控制器 I/O 变量的类型和个数不同，I/O 变量可以在 CCW 软件的全局变量中查看。I/O 变量的名字是固定的，但是可以对 I/O 变量进行别名。除了 I/O 变量以外，为了编程的需要还要建立一些中间变量，变量的类型用户可以自己选择，常用的变量类型见表 2-9。

表 2-9　常用数据类型

数据类型	描述	数据类型	描述
BOOL	布尔量	LINT	长整型
SINT	单整形	ULINT、LWORD	无符号长整型
USINT、BYTE	无符号单整形	REAL	实型
INT、WORD	整形	LREAL	长实型
UINT	无符号整形	TIME	时间
DINT、DWORD	双整形	DATE	日期
UDINT	无符号双整形	STRING	字符串

在项目组织器中，还可以建立新的数据类型，用来在变量编辑器中定义数组和字，这样方便定义大量相同类型的变量。变量的命名有如下规则：

（1）名称不能超过 128 个字符；

（2）首字符必须为字母；

（3）后续字符可以为字母、数字或者下划线字符。

数组也常常应用于编程中，下面介绍在项目中建立数组。建立数组首先要在

CCW 软件的项目组织器窗口中，找到 Data Types，打开后建立一个数组的类型。如图 2-30 所示，建立数组类型的名称为 a，数据类型为布尔型，建立一维数组，数据个数为 10（维度一栏写 1..10）；打开全局变量列表，建立名为 ttt 的数组，数据类型选择为 a，如图 2-31 所示。同理，建立二维数组类型时，维度一栏写 1..10..10。

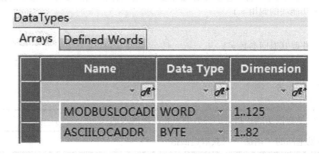

图 2-30　定义数组的数据类型

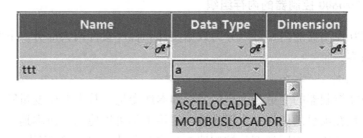

图 2-31　建立数组

2. 程序文件

控制器的程序文件分为两部分内容，即程序（Program）部分（相当于通常的主程序部分）和功能块（Function Block）部分，这里所说的功能块，除了系统自身的函数和功能块指令以外，主要是指用户根据功能需要，自己用梯形图语言编写的具有一定功能的功能块，可以在程序或者功能块中调用，相当于常用的子程序。每个功能块最多有 20 个输入和 20 个输出。

在一个项目中可以有多个程序和多个功能块程序。多个程序可以在一个控制器中同时运行，但执行顺序由编程人员设定，设定程序的执行顺序时，在项目组织器中右键单击程序图标，选择属性，打开程序属性对话框，如图 2-32 所示，在 Order 后面写下要执行顺序，1 为第一个执行，2 为第二个执行，例如：一个项目中有 8 个程序，可以把第 8 个程序设定为第一个执行，其他程序会在原来执行的顺序上，依次后推。原来排在第一个执行的程序将自动变为第二个执行。

三、Micro850 控制器的基本指令

罗克韦尔自动化的可编程序控制器编程指令非常丰富，不同系列可编程序控制器所支持的指令稍有差异，但基本指令都是大家所共有的。对于编程指令的理解程度，将直接关系到工作的效率。可以这样认为，对编程指令的理解，直接决定了对

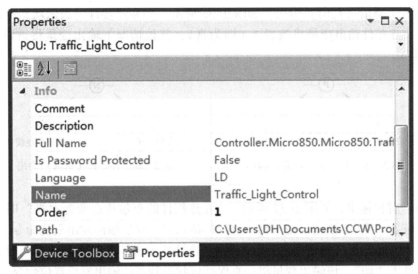

图 2-32　更改程序执行顺序

可编程序控制器的掌握程度。下面将详细介绍它的指令类型。

（一）基本梯形图指令

编辑梯形图程序时，可以从工具箱拖拽需要的指令符号到编辑窗口中使用。可以添加梯级等梯形图指令元素。

1. 梯级

梯级是梯形图的组成元素，它表示着一组电子元件线圈的激活（输出）。梯级在梯形图中可以有标签，以确定它们在梯形图中的位置。标签和跳转指令（Jumps）配合使用，控制梯形图的执行。

2. 线圈

线圈（输出）也是梯形图的重要组成元件，它代表着输出或者内部变量。一个线圈代表着一个动作。它的左边必须有布尔元件或者一个指令块的布尔输出。线圈又分为以下几种类型。

（1）直接输出，如图 2-33 所示。左连接件的状态直接传送到右连接件上，右连接件必须连接到垂直电源轨上，平行线圈除外，因为在平行线圈中只有上层线圈必须连接到垂直电源轨上。

（2）反向输出，如图 2-34 所示。左连接件的反状态被传送到右连接件上，同样，右连接件必须连接到垂直电源轨上，除非是平行线圈。

图 2-33　直接输出元件　　　　　　图 2-34　反向输出元件

（3）上升沿（正沿）输出，如图 2-35 所示。当左连接件的布尔状态由假变为真时，右连接件输出变量将被置 1（即为真），其他情况下输出变量将被重置为 0（即为假）。

（4）下降沿（负沿）输出，如图 2-36 所示。当左连接件的布尔状态由真变为假时，右连接件输出变量将被置 1（即为真），其他情况下输出变量将被重置为 0（即为假）。

图 2-35　上升沿（正沿）输出　　　　　图 2-36　下降沿（负沿）输出

（5）置位输出，如图 2-37 所示。当左连接件的布尔状态变为"真"时，输出变量将被置"真"。该输出变量将一直保持该状态到复位输出发出复位命令。

（6）复位输出，如图 2-38 所示。当左连接件的布尔状态变为"真"时，输出变量将被置"假"。该输出变量将一直保持该状态到置位输出发出置位命令。

图 2-37　置位输出　　　　　　　　图 2-38　复位输出

3. 接触器

接触器在梯形图中代表一个输入值或是一个内部变量，通常相当于一个开关或按钮的作用，有以下几种连接类型。

（1）直接连接，如图 2-39 所示。左连接件的输出状态和该连接件（开关）的状态取逻辑与，即为右连接件的状态值。

（2）反向连接，如图 2-40 所示。左连接件的输出状态和该连接件（开关）状态的布尔反状态取逻辑与，即为右连接件的状态值。

图 2-39　直接连接　　　　　　　　图 2-40　反向连接

（3）上升沿（正沿）连接，如图 2-41 所示。当左连接件的状态为真时，如果该上升沿连接代表的变量状态由假变为真，那么右连接件的状态将会被置"真"，这个状态在其他条件下将会被复位为"假"。

（4）下降沿连接，如图 2-42 所示。当左连接件的状态为真时，如果该下降沿连接代表的变量状态由真变为假，那么右连接件的状态将会被置"真"，这个状态在其他条件下将会被复位为"假"。

图 2-41　上升沿（正沿）连接　　　　图 2-42　下降沿连接

4. 指令块

块（Block）元素指的是指令块，也可以是位操作指令块、函数指令块或者是功能块指令块。在梯形图编辑中，可以添加指令块到布尔梯级中。加到梯级后可以随时用指令块选择器设置指令块的类型，随后相关参数将会自动陈列出来。在使用指令块时要重点注意以下前两点说明。

（1）当一个指令块添加到梯形图中后，EN 和 ENO 参数将会添加到某些指令块的接口列表中。

（2）当指令块是单布尔变量输入、单布尔变量输出或是无布尔变量输入、无布尔变量输出时，可以强制 EN 和 ENO 参数，也可以在梯形图操作中激活允许 EN 和 ENO 参数（Enable EN/ENO）。

从工具箱中拖出块元素放到梯形图的梯级中后，指令块选择器将会陈列出来。为了缩小指令块的选择范围，可以使用分类或者过滤指令块列表，或者使用快捷键。

（3）EN 输入。一些指令块的第一输入不是布尔数据类型，由于第一输入总是连接到梯级上的，所以在这种情况下另一种叫作 EN 的输入会自动添加到第一输入的位置。仅当 EN 输入为真时，指令块才执行。"比较"指令块如图 2-43 所示。

（4）ENO 输出。由于第一输出另一端总是连接到梯级上，所以对于第一输出不是布尔型输出的指令块，另一端被称为 ENO 的输出自动添加到了第一输出的位置。ENO 输出的状态总是与该指令块的第一输入的状态一致。"平均"指令块如图 2-44 所示。

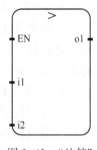

图 2-43　"比较"
指令块

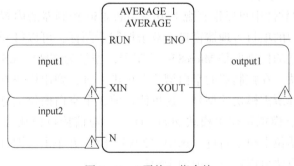

图 2-44　"平均"指令块

（5）EN 和 ENO 参数。在一些情况下，EN 和 ENO 参数都需要。在数学运算操作指令块中，加法指令块如图 2-45 所示。

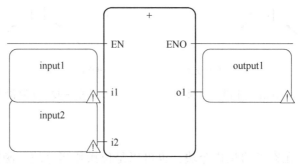

图 2-45　加法指令块

（6）功能块使能（Enable）参数。在指令块都需要执行的情况下，需要添加使能参数，"SUS"指令块如图 2-46 所示。

（7）返回（Returns）。当一段梯形图结束时，可以使用返回元件作为输出。注意，不能再在返回元件的右边连接元件。当左边的元件状态为布尔"真"时，梯形图将不执行返回元

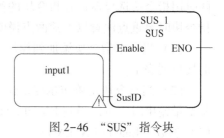

图 2-46　"SUS"指令块

件之后的指令。当该梯形图为一个函数时，它的名字将被设置为一个输出线圈以设置一个返回值（返回给调用函数使用）。

5. 跳转（Jumps）

条件和非条件跳转控制着梯形图程序的执行。注意，不能在跳转元件的右边再添加连接件，但可以在其左边添加一些连接件。当跳转元件左边的连接件的布尔状态为"真"时，跳转执行，程序跳转至所需标签处。

6. 分支（Branches）

分支元件能产生一个替代梯级，可以使用分支元件在原来梯级基础上添加一个平行的分支梯级。

（二）I/O 模块的组态及 CCW 程序的导入导出

1. 内置 I/O 模块的配置

在 CCW 编程软件中可以很直观地组态 Micro850 控制器的内置模块。打开一个项目，在窗口左边的项目管理器窗口中双击控制器图标，可以打开组态内置模块的界面。本例中所选的控制器是 Micro850 控制器，型号为 2080-LC50-48QWB，可以容纳 5 个内置模块。在控制器的空白槽位上单击右键，弹出模块选项，用户可以根据实际情况，选择所需模块的型号。这里假设前 3 个空白槽位上分别插有模拟量输入模块 2080-IF4，模拟量输出模块 2080-OF2 和通信接口模块 2080-SERIALSOL。在第一个空白的槽位上单击右键，选中"2080-IF4"并单击，即可把模块嵌入控制器中。用同样的方法可以组态其他两个模块。

组态模块后，在控制器下方的工作区内可以对每个内置模块进行组态，2080-IF4 模块的组态界面，这里可以对模块每个通道的 Input Type（输入类型）、Frequency（频率）、Input State（输入状态）进行组态，同时也可以对控制器自身

所带的通信端口和 I/O 点进行组态。

2. 扩展 I/O 模块的配置

对扩展 I/O 模块配置时，首先在设备工具箱窗口中可以找到扩展模块文件夹，也可以通过右键点击空槽位的方式进行添加，选择"2080-IQ16"模块。

把"2080-IQ16"拖曳到控制器右边第一个槽位中。在添加了 I/O 扩展模块之后，显示 CCW 编程软件工程界面。

如果需要，可以将其他 I/O 模块放到剩余的 I/O 扩展槽位。在控制器图像下方可以通过扩展模块的详情来编辑默认 I/O 组态。选择想要组态的 I/O 扩展设备，可以看到刚刚添加的扩展 I/O 设备的详情。点击"配置"，根据需要来编辑模块和通道的属性。下半部分为扩展 I/O 模块组态属性，设备功能。如果想删除扩展模块，点击扩展模块，选择"Delete"。

当有的项目需要使用相同的功能时，为了避免重复工作，编程人员可以把现有的程序从项目中导出，然后再导入到其他的项目中。下面介绍程序的导入和导出方法。

3. CCW 程序的导出

当有的项目需要使用相同的功能时，为了避免重复工作，编程人员可以把现有的程序从项目中导出，然后再导入到其他的项目中。下面介绍程序的导入和导出方法。在项目管理器窗口中，选择已经建立的程序，右键单击，选择"导出"。选择导出程序后，可以选择只导出变量，也可以选择全部导出，还可以对导出的文件加密。这里选择全部导出，并对文件加密。然后点击下面的"导出"按钮，在弹出的对话框中可以改变导出文件的路径和名字。导出文件成功后，会在软件工作区的输出窗口中提示导出完成，并显示导出文件的位置和名字。

4. CCW 程序的导入

下面把导出的程序导入到一个新的项目中。首先打开一个新的项目，在程序图标处右键单击，选择"导入"，类似导出操作。选择后弹出导入程序窗口，在窗口中选择要导入的内容。可以只导入主程序或者只导入功能块程序，也可以全部导入，单击"浏览"按钮，选择要导入的文件，选择"打开"。然后点击导入文件窗口下方的"导入"按钮，就可以导入文件了，由于在导出文件的时候对文件设定了密码，所以点击"浏览"按钮，选择要导入的文件时需要输入文件密码，在密码输入窗口后，选择要导入的文件，单击"导入"，即可开始导入文件。在完成了文件的导入后，在工作区的输出区域中会显示信息，提示用户导入文件完成。程序导入完成，可以看到新项目中已经包含了导入的文件。

➤ **思考与练习**

（1）Micro800 控制器支持三种编程方式：_____、_____、_____。PLC 程序设计方法主要有_____、_____、_____、_____等几种。

（2）软件 CCW 是 Micro800 系列控制器的程序开发软件，不仅可以组态 Micro800 控制器，还可以组态_____和_____。

（3）可以更新 Micro800 控制器硬件的软件是_____，Micro850 控制器最多支持_____个程序字。每个程序组织单元最多可使用_____kB 内部地址空间。

（4）实训过程中扫描设备并分配地址的软件是_____，指令 TOF 的含义是_____，实型数据类型是_____。Micro800 控制器中的功能块编程语言是_____。

（5）利用两个定时器和一个输出点设计一个闪烁信号源，使输出的闪烁信号周期为 3s，产生一波形，占空比为 2∶1。

（6）控制机械手运动的循环过程为：初始位置、启动、夹紧、正转、松开、反转、回原位、停止。夹紧、松开的时间均为 10s，正转、反转的时间均为 15s，请设计一个逻辑控制程序。

（7）Micro800 控制器内存分为几种，Micro800 控制器的梯形图指令元素有哪些?

（8）脉冲电路：设计周期为 5s 的脉冲发生器，其中断开 3s，接通 2s，时序图如图 2-47 所示，其中 DI 外接的是带自锁的按钮。

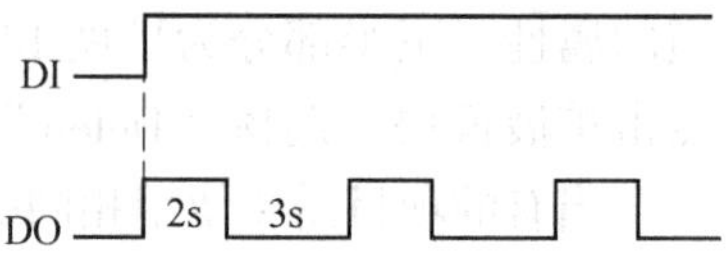

（9）分别设计一个周期不可调的连续脉冲发生器和周期可调的连续脉冲发生器（周期定义为 1s）。

图 2-47　脉冲发生器时序图

（10）全自动洗衣机系统控制要求：

1）按下启动按钮后开始供水；

2）当水满时水位满传感器就停止供水；

3）水满之后，洗衣机开始执行漂洗过程，开始正转 5s，然后倒转 5s，执行此循环动作 10min；

4）漂洗结束之后，出水阀开始放水；

5）放水 10s 后结束放水，同时发出声光报警器提醒工作人员来取衣服；

6）按停止按钮声光报警器停止，并结束整个工作过程。

（11）图 2-48 是三相异步电动机串电阻降压启动控制电路，用 PLC 实现该电路改造。

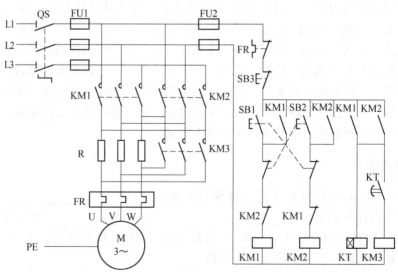

图 2-48　三相异步电动机串电阻降压启动控制电路

（12）图2-49为三相异步电动机Y-△降压启动能耗制动控制电路，用PLC实现该电路的改造。

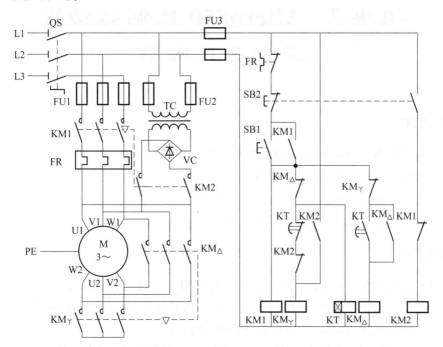

图2-49　三相异步电动机Y-△降压启动能耗制动控制电路

模块 3 Micro850 控制器功能指令及其应用

- **知识目标**

  （1）了解 Micro850 控制器的工作方式和编程方式。

  （2）掌握 Micro850 控制器功能指令基本含义。

  （3）熟悉 Micro850 控制器功能指令的配置方法。

  （4）掌握自定义功能模块的设置步骤。

- **技能目标**

  （1）正确掌握计数器使用方法，能使用 RTO 指令进行程序编写。

  （2）根据模块任务要求列出 I/O 分配表、PLC 的外部接线图及梯形图。

  （3）能够使用自定义功能块进行模块任务设计。

  （4）使用数据转换指令、MOV 指令及四则运算指令完成任务设计。

  （5）掌握其他功能指令的编程。

- **思政引导**

　　自詹天佑主持建造我国第一条铁路——京张铁路，至今已有百年之久了，我国不甘落后，后起而上。据统计，截至 2017 年 10 月，我国高铁总运营里程已经达到了 2.6 万公里，占据世界高铁总里程的 65%。与此同时，到 2025 年，我国高铁总里程将要达到 4 万公里。可以说中国高铁的质量已经成为世界第一，并走出国门成为世界知名品牌。

　　高铁是个复杂的工程，其中包括施工建设、车辆制造、信号控制和运营维护等，每个环节都很重要，任何一个环节出了问题，高铁就不能正常运行。2004 年我国铁路第六次大提速正式实施，人们所熟知的"和谐号"动车组正式上线，然而这并不是我国完全自主研发的，真正意义上的"中国货"还是被赋予民族复兴众望的"复兴号"动车组。由于我国有各种不同的地理环境，近年来在建设桥梁、公路和铁路上积累了不少经验，拥有世界上最为全面的桥梁设计建造技术和先进的现代化装备，这让我国能在任何地段铺设铁路。

　　列车控制是保证动车组正常运行和人员安全的重要环节，在 2004 年我国构建了列车运行控制系统体系，能够满足 200～250km/h 和 300km/h 以上线路的要求，达到了世界顶尖水平。中国建成了世界上规模最大的高速铁路牵引供电数据采集和监测控制系统，能够满足列车大编组和重联运行需求，可为持续速度达到

350km/h 的列车供电，可以说该项技术也达到了世界顶尖水平。我国的高铁技术已经处于世界领先地位，我们更应该学好工控技术，为祖国的高铁事业发展贡献自己的力量。

任务 3.1　产品出入库控制系统设计

3.1.1　任务描述

有一个小型仓库，需要每天对存放进来的产品数量进行统计。仓库结构示意图如图 3-1 所示，在仓库的出入口处安装了检测产品的光电传感器。当有产品或者货物入库时，对应传感器 S1 接通，仓库产品数量加"1"；当有产品或者货物出库时，对应传感器 S2 接通，仓库产品数量减"1"。在仓库的产品数量达到 100 个时，发出报警信号，提示管理员，仓储已到达上限。该控制任务需要对产品进行统计计数，需要用到计数器这一编程元件。

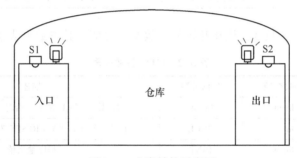

图 3-1　仓库结构示意图

3.1.2　任务实施

3.1.2.1　设计流程

（1）按照控制要求设计 Micro850 控制器的输入/输出（I/O）地址分配表。

（2）按照控制要求进行 Micro850 控制器的输入/输出（I/O）接线图的设计。

（3）将编写好的程序录入 CCW 编程软件，并进行程序的下载及运行。

（4）根据任务要求对程序进行模拟调试。

（5）完成模块的任务评价。

3.1.2.2　先导课题

用一个按钮（SB1）控制三盏灯（M1、M2、M3）的亮灭。按三下 SB1，M1 亮；再按三下 SB1，M2 亮；再按三下 SB1，M3 亮；再按一下 SB1，三盏灯全灭。再按下 SB1，实验现象可循环进行，这里就需要使用计数器元件来完成本任务。增计数器功能块如图 3-2 所示。

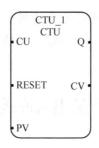

图 3-2　增计数器功能块

（1）计数器功能块主要用于增减计数，其主要指令见表 3-1。

表 3-1　计数器功能块说明

功能块	描述	说明
CTU	增计数	从 0 到给定值逐个向上计数（整数）
CTD	减计数	从给定值到 0 逐个向下计数（整数）
CTUD	可逆计数	从 0 到给定值逐个向上计数（整数），或从给定值到 0（逐个）向下计数

（2）增计数（CTU），从 0 开始加计数至给定值，其参数见表 3-2。

表 3-2　CTU 参数列表

参数	参数类型	数据类型	描述
CU	Input	BOOL	加计数（当 CU 是上升沿时，开始增计数）
RESET	Input	BOOL	重置命令（高级）（RESET 为真时，CV = 0）
PV	Input	DINT	程序最大值
Q	Output	BOOL	上限，当 CV≥PV 时为真
CV	Output	DINT	计数结果

（3）递减计数器指令（CTD），递减计数器功能块如图 3-3 所示。从给定值开始减计数至 0，其参数见表 3-3。

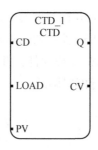

图 3-3　递减计数器功能块

表 3-3　CTD 参数列表

参数	参数类型	数据类型	描述
CD	Input	BOOL	减计数（当 CD 是下降沿时，开始减计数）

续表 3-3

参数	参数类型	数据类型	描述
LOAD	Input	BOOL	加载命令（高级）（当 LOAD 为真时 CV＝PV）
PV	Input	DINT	程序最大值
QD	Output	BOOL	下限，当 CV≤0 时为真
CV	Output	DINT	计数结果

（4）增减计数器（CTUD），增减计数器功能块如图 3-4 所示。从 0 开始加计数至给定值，或从给定值开始减计数至 0，其参数见表 3-4。

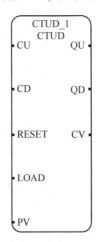

图 3-4　增减计数器功能块

表 3-4　CTUD 参数列表

参数	参数类型	数据类型	描述
CU	Input	BOOL	加计数（当 CU 是上升沿时，开始计数）
CD	Input	BOOL	减计数（当 CD 是上升沿时，开始减计数）
RESET	Input	BOOL	重置命令（高级）（当 RESET 为真时，CV＝0）
LOAD	Input	BOOL	加载命令（高级）（当 LOAD 为真时，CV＝PV）
PV	Input	DINT	程序最大值
QU	Output	BOOL	上限，当 CV≥PV 时为真
QD	Output	BOOL	下限，当 CV≤0 时为真
CV	Output	DINT	计数结果

任务 3.2　八段码控制系统设计

3.2.1　任务描述

图 3-5 是八段数码管的外形图，其实质上是七只发光二极管组成的阿拉伯数字

及数字后的小数点显示器，其工作原理如图 3-6 与图 3-7 所示。用 PLC 实现八段码控制设计，完成以下要求。

图 3-5　八段数码管实物外形图

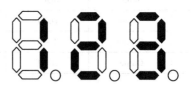
图 3-6　八段码显示阿拉伯数字"1""2""3"的示意图

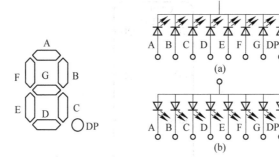

图 3-7　八段码显示电路原理图
（a）共阴极；（b）共阳极

（1）从 0~9 十个阿拉伯数字的升序连续显示，要求升序显示的阿拉伯数字间的时间间隔为 1s，并且用两个按钮分别实现数字显示的启动与停止。当停止按钮按下时，数字全部熄灭，重新按下启动按钮，数码管从 0 开始重新升序显示。

（2）从 0~9 十个阿拉伯数字的升序连续显示，要求升序显示的阿拉伯数字间的时间间隔为 1s，并且用三个按钮分别实现数字显示的启动、停止与复位。当停止按钮按下时，数字停在当前位置，重新按下启动按钮，数码管从当前位置继续开始升序显示。当按下复位按钮时，数字全部熄灭，重新按下启动按钮，数码管从 0 开始重新升序显示。

3.2.2　任务实施

3.2.2.1　设计流程

（1）按照控制要求设计 Micro850 控制器的输入/输出（I/O）地址分配表。

（2）按照控制要求进行 Micro850 控制器的输入/输出（I/O）接线图的设计。

（3）将编写好的程序录入到 CCW 编程软件，并进行程序的下载及运行。

（4）根据任务要求对程序进行模拟调试。

（5）完成模块的任务评价。

3.2.2.2　知识链接

掉电保持定时器功能块如图 3-8 所示，其参数见表 3-5。

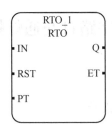

图 3-8　八段码显示电路原理图

表 3-5　RTO 参数列表

参数	参数类型	数据类型	说明
IN	输入	BOOL	如果是上升沿，内部计时器开始递增；如果是下降沿，停止并不要重置内部计时器
RST	输入	BOOL	在上升沿重置内部计时器
PT	输入	TIME	最大编程时间，参见 Time 数据类型
Q	输出	BOOL	如果为 TRUE，则设定的时间已过
ET	输出	TIME	已过去的时间值的可能范围从 0ms 到 1193h2min47s294ms，参见 Time 数据类型

当输入激活时，RTO 增加内部计时器，但当输入变为不活动状态，不会重置内部计时器。如果使用 Micro810 或 Micro820 控制器，RTO 内部计时器不会默认在重新上电过程中保持不变。若要保持内部计时器不变，请将保留的配置参数设置为真。如果使用 Micro830 或 Micro850 控制器，RTO 内部计时器会在重新上电过程中保留不变，其时序图如图 3-9 所示。

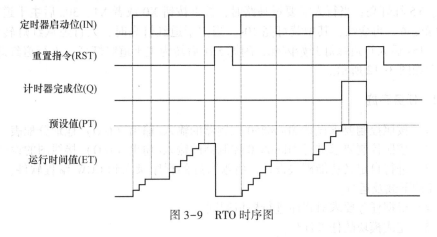

图 3-9　RTO 时序图

任务3.3　十字路口交通灯控制系统设计

3.3.1　任务描述

3.3.1.1　十字路口交通灯设计

视频—交通
灯程序编写

视频—交通
灯操作

设计一个用 PLC 控制的十字路口交通灯的控制系统，其控制要求如下：

（1）自动运行：自动运行时，按一下起动按钮，信号灯系统按图 3-10 所示要求开始工作（绿灯闪烁的周期为 1s），按一下停止按钮，所有信号灯熄灭；

（2）手动运行：手动运行时，两个方向的黄灯同时闪烁，周期是 1s；

（3）要求使用自定义模块进行任务设计。

注：本任务可以加入八段码，模拟十字路口交通灯的倒计时控制。

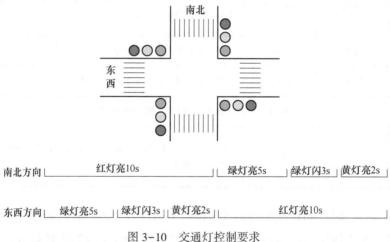

图 3-10　交通灯控制要求

3.3.1.2　按钮式人行横道交通灯控制设计

图 3-11 所示为按钮式人行道交通操作设备。正常情况下，汽车通行，即 Y3 绿灯亮、Y5 红灯亮；当行人需要过马路时，按下按钮 X0 或者 X1，30s 后主干道交通灯由绿变黄，再变红，其中黄灯亮 10s。当主干道红灯亮时，人行道从红灯转成绿灯亮，15s 后人行道绿灯开始闪烁，闪烁 5 次后转为主干道绿灯亮，人行道红灯亮，时序图如图 3-12 所示。

3.3.2　任务实施

（1）按照控制要求设计 Micro850 控制器的输入/输出（I/O）地址分配表。

（2）按照控制要求进行 Micro850 控制器的输入/输出（I/O）接线图的设计。

（3）进行自定义功能模块设计，将编写好的程序录入到 CCW 编程软件，并进行程序的下载及运行。

（4）根据任务要求对程序进行模拟调试。

（5）完成模块的任务评价。

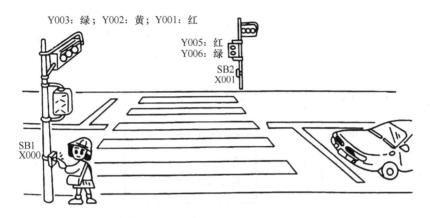

图 3-11　按钮式人行横道交通灯模拟图

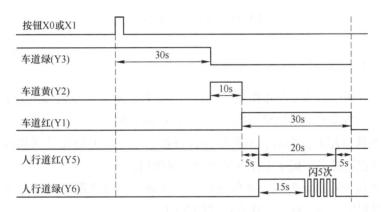

图 3-12　按钮式人行横道交通灯控制时序图

任务 3.4　多种液体混合控制系统设计

3.4.1　任务描述

3.4.1.1　液体混合装置正常运行

在化工行业经常涉及多种化学液体的混合问题，图 3-13 所示为某液体混合装置，上限位、下限位和中限位液位传感器，在其各自被液体淹没时为 "ON"，反之为 "OFF"。阀 YV1、阀 YV2 和阀 YV3 为电磁阀，线圈通电时打开，线圈断电时关闭。开始时容器是空的，各阀门均关闭，各传感器均为 "OFF"。按下启动按钮后，打开阀 YV1，液体 A 流入容器，中限位开关变为 "ON" 时，关闭阀 YV1，打开阀 YV2，液体 B 流入容器。当液面达到上限位开关时，关闭阀 YV2，电动机 M 开始运行，搅动液体，10s 后停止搅动，打开阀 YV3，放出混合液，当液面降至下限位开关之后再过 5s，容器放空，关闭阀 YV3，打开阀 YV1，又开始下一周期的操作。按下停止按钮，在当前工作周期的操作结束后，才停止操作。

视频—液体混合程序编写

视频—液体混合操作

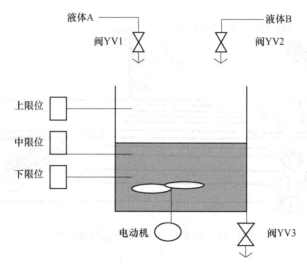

图 3-13　液体混合装置示意图

3.4.1.2　液体混合装置非正常运行

在运行过程中，为了防止误操作或者程序失控情况，要求液体混合装置具有限位报警功能。当检测上限位导通超过 5s 则蜂鸣器报警：

（1）当液位超出上限时，液体还在进行加入时，即上限位导通超过 6s，蜂鸣器报警同时报警灯亮，提示工作人员关闭进水阀门；

（2）当液位降至下限时，液体还在进行下排时，即下限位导通超过 6s，蜂鸣器报警同时报警灯亮，提示工作人员关闭 YV3。

3.4.2　任务实施

3.4.2.1　设计流程

（1）按照控制要求设计 Micro850 控制器的输入/输出（I/O）地址分配表。

（2）按照控制要求进行 Micro850 控制器的输入/输出（I/O）接线图的设计。

（3）将编写好的程序录入到 CCW 编程软件，并进行程序的下载及运行。

（4）根据任务要求对程序进行模拟调试。

（5）完成模块的任务评价。

3.4.2.2　知识链接

A　报警模块

功能块指令报警类指令只有限位报警一种，功能图如图 3-14 所示。

限位报警（LIM_ALRM）功能块用高限位和低限位限制一个实数变量。限位报警使用的高限位和低限位是 EPS 参数的一半，其参数见表 3-6。

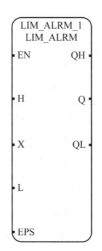

视频—报警
程序编写

视频—报警
操作

图 3-14　限位报警功能块

表 3-6　限位报警功能块参数列表

参数	参数类型	数据类型	描述
EN	Input	BOOL	功能块使能。为真时，执行功能块为假时，不执行功能块
H	Input	REAL	高限位值
X	Input	REAL	输入：任意实数
L	Input	REAL	低限位值
EPS	Input	REAL	滞后值（需大于 0）
QH	Output	BOOL	高位报警：如果 X 大于高限位值 H 时为真
Q	Output	BOOL	报警：如果 X 超过限位值时为真
QL	Output	BOOL	低位报警：如果 X 小于低限位值 L 时为真

　　下面简单介绍限位报警功能块的用法。限位报警的主要作用就是限制输入，当输入超过或者低于预置的限位安全值时，输出报警信号。在本功能块中 X 端接的是实际要限制的输入，其他参数的意义可以参考表 3-6。当 X 的值达到高限位值 H 时，功能块将输出 QH 和 Q，即高位报警和报警，而要解除该报警，需要输入的值小于高限位的滞后值（H-EPS），这样就拓宽了报警的范围，使输入值能较快地回到一个比较安全的范围值内，起到保护机器的作用。对于低位报警，功能块的工作方式很类似。当输入低于低限位值 L 时，功能块输出低位报警（QL）和报警（Q），而要解除报警则需输入回到低限位的滞后值（L+EPS）。可见报警（Q）的输出综合了高位报警和低位报警，使用时可以留意该输出。功能块时序图如图 3-15 所示。

B　报警模块的应用

下面举例介绍报警功能块的使用方法，程序如图 3-16 所示。

假设程序为一个锅炉水位报警系统，h 为锅炉水位的上限，这里假设为 15，I 为锅炉水位的下限，这里假设为 5，eps 为迟滞值，这里假设为 1；x 为当前水位，

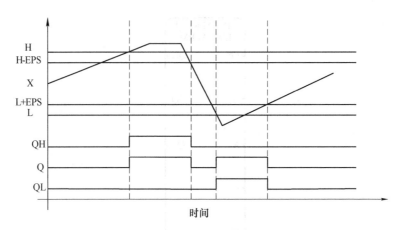

图 3-15　限位报警功能块时序图

这里假设其初始值为 10。此时，因为 x 小于 h 且大于 1，所以 qh、q、ql 的输出均为 False。若 x 上涨超过 15，假设其当前为 16，则由于其大于 h，所以 qh 为 True，由于其超过限位，所以 q 为 True。之后，若 x 开始下降，当其下降到小于 15 但仍大于 14（即 15−1）时，qh 和 q 仍为 True，当其下降到小于 14 后，qh 和 q 恢复为 False。下限 1 与上限 h 同理。

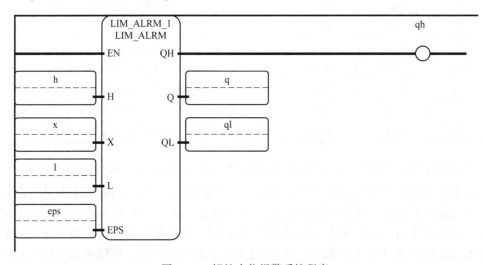

图 3-16　锅炉水位报警系统程序

任务 3.5　密码锁及四则运算指令应用

3.5.1　任务描述

3.5.1.1　密码锁

设计一个三位密码锁的控制系统，控制要求如下：有 7 个按键 SB1～SB7，SB1

为开锁键，按下，如果密码正确，即可正常开锁。SB2 ~ SB7 为可按压键。开锁条件为：百位数为 2，十位数为 3，个位数为 4。SB2、SB3 控制百位数，按一次 SB2，百位数数值加一，按一次 SB3，百位数数值减一，同理，SB4、SB5 控制十位数，SB6、SB7 控制个位数。当三位数为 234（即密码正确）时，按下 SB1 开锁键密码锁打开，5s 后密码锁自动关闭，个位数清零复位，密码锁重新锁住。

视频—密码
锁操作

3.5.1.2　四则运算

利用 PLC 实现公式计算：

$$Y = (3A + 60)/2$$

式中，A 为计数器所运算的变量，可以通过增量按钮 1 和减量按钮 2 实现 A 的增大和减小。

视频—密码
锁程序

通过 PLC 内部的数据转换和计算，运算出实数 Y 的大小。当运算结果 $Y = 33$ 时，输出指示灯（红灯）；当运算结果 $Y = 66$ 时，输出指示灯（绿灯）。当按下复位按钮时，实现 A 与 Y 复位为 0。

视频—密码
锁模拟实验

3.5.2　任务实施

3.5.2.1　设计流程

（1）按照控制要求设计 Micro850 控制器的输入/输出（I/O）地址分配表。

（2）按照控制要求进行 Micro850 控制器的输入/输出（I/O）接线图的设计。

（3）将编写好的程序录入到 CCW 编程软件，并进行程序的下载及运行。

（4）根据任务要求对程序进行模拟调试。

（5）完成模块的任务评价。

视频—四则
运算

3.5.2.2　知识链接

A　算术类功能块指令

算术类功能块指令主要用于实现算术函数关系，在此只介绍加、减、乘、除功能块指令和直接传送指令。

a　加指令（+）

加指令功能块如图 3-17 所示，其参数见表 3-7。

文档—功能
指令的应用

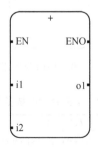

图 3-17　加指令功能块

表 3-7　加指令功能块参数列表

参数	参数类型	数据类型	描述
i1	Input	SINT－USINT－BYTE－INT－WORD－	可以是整数或实数（所有的输入
i2	Input	DINT－UDINT－DWORD－LINT－ULINT－	变量必须是同一格式）
o1	Output	LOWORD－TIME	输入的加法

b　减指令（-）

减指令功能块如图 3-18 所示，其参数见表 3-8。

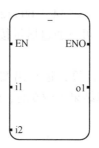

图 3-18　减指令功能块

表 3-8　减指令功能块参数列表

参数	参数类型	数据类型	描述
i1	Input	SINT－USINT－BYTE－INT－WORD－	可以是整数或实数（所有的输入
i2	Input	DINT－UDINT－DWORD－LINT－ULINT－	变量必须是同一格式）
o1	Output	LOWORD－TIME	输入的减法

c　乘指令（＊）

乘指令功能块如图 3-19 所示。两个及多个整数或实数的乘法运算，其参数见表 3-9。

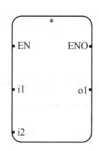

图 3-19　乘指令功能块

表 3-9　乘指令功能块参数列表

参数	参数类型	数据类型	描述
i1	Input	SINT－USINT－BYTE－INT－WORD－	可以是整数或实数（所有的输入
i2	Input	DINT－UDINT－DWORD－LINT－ULINT－	变量必须是同一格式）
o1	Output	LOWORD－TIME	输入的乘法

d　除指令（／）

除指令功能块如图 3-20 所示，其参数见表 3-10。

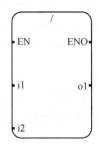

图 3-20　除指令功能块

表 3-10　除指令功能块参数列表

参数	参数类型	数据类型	描述
i1	Input	SINT-USINT-BYTE-INT-WORD-DINT-UDINT-DWORD-LINT-ULINT-LOWORD-TIME	可以是整数或实数（所有的输入变量必须是同一格式）
i2	Input		
o1	Output		输入的除法

e　直接传送指令（MOV）

直接将输入和输出相连接，当与布尔非一起使用时，将一个 i1 复制移动到 o1 中，如图 3-21 所示。其参数描述见表 3-11。

图 3-21　直接传送指令功能块

表 3-11　直接传送指令功能块参数列表

参数	参数类型	数据类型	描述
i1	Input	BOOL－DINT－REAL－TIME－STRING-SINT－USINT－INT－UINT－UDINT-LINT－ULINT－DATE－LREAL-BYTE-WORD-DWORD-LWORD	输入和输出必须使用相同的格式
o1	Output		输入和输出必须使用相同的格式
ENO	Output	BOOL	使能信号输出

B　运算符指令

运算符类功能块指令也是 Micro800 控制器的主要指令类，该类指令主要用于转换数据类型及比较，其中比较指令在编程中占有重要地位，它是一类简单有效的指令。运算符类功能块指令的分类描述见表 3-12。

表 3-12　运算符类功能块指令的分类描述

种类	描述
数据转换（Data conversion）	将变量转换为所需数据
比较（Comparators）	变量比较

a　数据转换（Data conversion）

数据转换功能块指令主要用于将源数据类型转换为目标数据类型，在整型、时间类型、字符串类型的数据转换时有限制条件，使用时需注意。该类功能块具体描述见表 3-13。

表 3-13　数据转换功能块指令描述

功能块	描述
ANY_TO_BOOL（布尔转换）	转换为布尔型变量
ANY_TO_BYTE（字节转换）	转换为字节型变量
ANY_TO_DATE（日期转换）	转换为日期型变量
ANY_TO_DINT（双整型转换）	转换为双整型变量
ANY_TO_DWORD（双字转换）	转换为双字型变量
ANY_TO_INT（整型转换）	转换为整型变量
ANY_TO_LINT（长整型转换）	转换为长整型变量
ANY_TO_LREAL（长实型转换）	转换为长实数型变量
ANY_TO_LWORD（长字转换）	转换为长字型变量
ANY_TO_REAL（实型转换）	转换为实数型变量
ANY_TO_SINT（短整型转换）	转换为短整型变量
ANY_TO_STRING（字符串转换）	转换为字符串型变量
ANY_TO_TIME（时间转换）	转换为时间型变量
ANY_TO_UDINT（无符号双整型转换）	转换为无符号双整型变量
ANY_TO_UINT（无符号整型转换）	转换为无符号整型变量
ANY_TO_ULINT（无符号长整型转换）	转换为无符号长整型变量
ANY_TO_USINT（无符号短整型转换）	转换为无符号短整型变量
ANY_TO_WORD（字转换）	转换为字型变量

下面举例说明数据转换功能块指令的应用。

（1）布尔转换（ANY_TO_BOOL）。将变量转换成布尔变量（见图 3-22），其参数描述见表 3-14。

图 3-22　布尔转换功能块

表 3-14　布尔转换功能块参数列表

参数	参数类型	数据类型	描述
i1	Input	SINT－USINT－BYTE－INT－UINT－WORD－DINT－UDINT－DWORD－LINT－ULINT－LWORD－REAL－LREAL－TIME－DATE－STRING	任何非布尔值
o1	Output	BOOL	可能为："真"，对于非零数量值而言；"假"，对于零数量值而言。"真"，对于一个"真"字符串而言；"假"，对于一个"假"字符串而言

（2）短整型转换（ANY_TO_SINT）。把输入变量转换为 8 位短整型变量（见图 3-23），其参数描述见表 3-15。

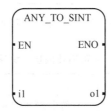

图 3-23　短整型转换功能块

表 3-15　短整型转换功能块参数描述

参数	参数类型	数据类型	描述
i1	Input	非短整型	任何非短整型值
o1	Output	SINT	计时器的毫秒数，这是一个实数或被字符串代替的小数的整数部分，可能为："0"；IN 为假；"1"，IN 为真
ENO	Output	BOOL	使能信号输出

（3）时间转换（ANY_TO_TIME）。把输入变量（除了时间和日期变量）转换为时间变量（见图 3-24），其参数描述见表 3-16。

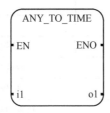

图 3-24　时间转换功能块

表 3-16　时间转换功能块参数描述

参数	参数类型	数据类型	描述
i1	Input	见描述	任何非时间和日期变量。IN（当 IN 为实数时，取其整数部分）是以毫秒为单位的数。STRING（毫秒数，例如 300032 代表 5min 32ms）
o1	Output	TIME	代表 IN 的时间值，1193h2m47s295ms 表示无效输入
ENO	Output	BOOL	使能信号输出

（4）字符串转换（ANY_TO_STRING）。把输入变量转换为字符串变量（见图 3-25），其参数描述见表 3-17。

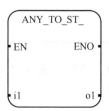

图 3-25　字符串转换功能块

表 3-17　字符串转换功能块参数描述

参数	参数类型	数据类型	描述
i1	Input	见描述	任何非字符串变量
o1	Output	STRING	如果 IN 为布尔变量，则为"假"或"真"； 如果 IN 是整数或实数变量，则为小数； 如果 IN 为 TIME 值，可能为： TIME time1；STRING s1；time1：=13ms； s1：= ANY_TO_STRING（time1）；（＊s1='0s13'＊）
ENO	Output	BOOL	使能信号输出

b　比较功能块指令

比较功能块指令主要用于数据之间的大小等于比较，是编程时一种简单有效的指令。在此只介绍等于、大于和小于指令，其功能描述见表 3-18。

表 3-18　比较功能块指令

功能块	描述
Equal（等于）	比较两数是否相等
Greater Than（大于）	比较两数是否其中一个大于另一个
Greater Than or Equal（大于或等于）	比较两数是否其中一个大于或等于另一个
Less Than（小于）	比较两数是否其中一个小于另一个
Less Than or Equal（小于或等于）	比较两数是否其中一个小于或等于另一个

（1）等于（Equal）：等于功能块如图 3-26 所示。对于整型、实型、时间型、

日期型和字符串型输入变量，比较第一个和第二个输入，并判断是否其大小，其参数描述见表 3-19。

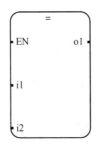

图 3-26　等于功能块

表 3-19　等于功能块参数描述

参数	参数类型	数据类型	描述
i1	Input	BOOL-SINT-USINT-BYTE-INT-UINT - WORD - DINT - UDINT - DWORD - LINT - ULINT - LWORD - REAL-LREAL-TIME-DATE-STRING	两个输入必须有相同的数据类型，TIME 类型输入只在 ST 和 IL 编程中使用，布尔输入不能在 IL 编程中使用
i2	Input		
o1	Output	BOOL	当 i1 = i2 时为真

提示：由于 TON、TP 和 TOF 功能块作用，不推荐比较 TIME 变量是否相等。

（2）大于（Greater than）：大于功能块如图 3-27 所示。对于整型、实型、时间型、日期型和字符串型输入变量，比较第一个和第二个输入，并判断是否其大小。其参数描述见表 3-20。

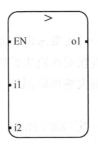

图 3-27　大于功能块

表 3-20　大于功能块参数描述

参数	参数类型	数据类型	描述
i1	Input	BOOL-SINT-USINT-BYTE-INT-UINT - WORD - DINT - UDINT - DWORD - LINT - ULINT - LWORD - REAL-LREAL-TIME-DATE-STRING	两个输入必须有相同的数据类型
i2	Input		
o1	Output	BOOL	当 i1>i2 时为真

（3）小于（Less than）：小于功能块如图 3-28 所示。对于整型、实型、时间

型、日期型和字符串型输入变量，比较第一个和第二个输入，并判断是否相等。其参数描述见表 3-21。

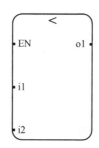

图 3-28　小于功能块

表 3-21　小于功能块参数描述

参数	参数类型	数据类型	描述
i1	Input	BOOL-SINT-USINT-BYTE-INT-UINT－WORD－DINT－UDINT－DWORD－LINT－ULINT－LWORD－REAL-LREAL-TIME-DATE-STRING	两个输入必须有相同的数据类型
i2	Input		
o1	Output	BOOL	当 i1<i2 时为真

任务 3.6　蔬菜大棚温度控制

3.6.1　任务描述

温室大棚种植是冬季蔬菜供应的主要来源，温室的作用是用来改变植物的生长环境，避免外界四季变化和恶劣气候对作物生长的不利影响，为植物生长创造适宜的良好条件。温度控制主要是控制大棚内的温度、湿度、通风与光照，设计蔬菜大棚温度控制系统要求如下：

（1）在蔬菜大棚内距离地面一定高度的位置，安装 1 只温度传感器，在土壤中安装湿度传感器。

（2）大棚室内温度低于 18℃时，指示灯 HL1 亮，暖风机 M1 开始转动；温度高于 28℃时，指示灯 HL2 亮，冷风机 M2 开始转动。大棚内土壤湿度在低于 70%时喷淋启动，高于 90%时停止喷淋，启动烘干设备。

（3）大棚卷帘根据光照实时进行调节。

3.6.2　任务实施

（1）按照控制要求设计 Micro850 控制器的输入/输出（I/O）地址分配表。

（2）按照控制要求进行 Micro850 控制器的输入/输出（I/O）接线图的设计。

（3）将编写好的程序录入到 CCW 编程软件，并进行程序的下载及运行。

（4）根据任务要求对程序进行模拟调试。

（5）完成模块的任务评价。

➤ **任务评价**

表3-22为课程专业能力评分表。

表3-22　"××"课程专业能力评分表

模块名称：＿＿＿＿＿＿＿＿＿＿＿＿＿＿＿＿＿＿＿＿＿＿＿＿＿＿＿＿＿＿＿＿＿＿＿

班级：＿＿＿＿＿＿＿＿＿　　　小组：＿＿＿＿＿＿＿＿　　　完成成员：＿＿＿＿＿＿＿＿

序号	主要内容	考核要求	评分标准	配分	扣分	得分
1	电路及程序设计	根据任务要求列出PLC输入/输出（I/O）地址分配表，输入/输出（I/O）口的接线图；根据控制要求设计PLC梯形图程序	（1）PLC输入/输出（I/O）地址遗漏或错误，每处扣5分； （2）PLC输入/输出（I/O）接线图设计不全或有错误，每处扣5分； （3）梯形图不正确或画法不规范，每处扣5分	40		
2	程序输入及调试	熟练操作软件及实训平台相关设备，能正确进行程序录入及程序下载及上传；按任务进行模拟调试，达到设计要求	（1）不会CCW软件操作或者不够熟练，扣10分； （2）不会使用平台按钮、电源及指示灯，扣10分； （3）指令输入不正确，每处扣5分； （4）模拟调试功能不全，扣10分	30		
3	回答问题	根据设计题目及所编写的程序，结合本课题的实际情况提出相应的问题	（1）提出1~2个问题，每错一处扣5分； （2）提出一些新的建议及想法，加5分	10		
4	课题试验检验	在保证人身和设备安全及操作规范的前提下，通电试验一次成功	（1）操作调试不规范，每次扣5分； （2）一次调试不成功，扣10分； （3）二次调试不成功，扣20分	20		
5	"6S"管理制度	（1）安全文明生产； （2）自觉在实训过程中融入6S管理理念； （3）有组织，有纪律，守时诚信	（1）违反安全文明生产规程，扣5~40分； （2）乱线敷设，加扣不安全分，扣10分； （3）工位不整理或整理不到位，酌情扣10~20分； （4）随意走动，无所事事，不刻苦钻研，酌情扣5~10分； （5）不思进取，无理取闹，违反安全规范，取消实训资格，当天实训课题0分	倒扣分		

续表 3-22

序号	主要内容	考核要求	评分标准	配分	扣分	得分
6	课堂异常情况记录					
备注			合计	100		

额定时间 120min	开始时间		结束时间		考评员或任课教师签字		年　月　日

➤ **相关知识点**

一、功能块指令

功能块指令是 Micro850 控制器编程中的重要指令，它包含了实际应用中的大多数编程功能。功能块指令种类及描述见表 3-23。

表 3-23　功能块指令种类

种类	描述
报警（Alarms）	超过限制值时报警
布尔运算（Boolean operations）	对信号上升下降沿及设置或重置操作
通信（Communications）	部件间的通信操作
计时器（Time）	计时
计数器（Counter）	计数
数据操作（Data manipulation）	取平均值，最大、最小值
输入/输出（Input/Output）	控制器与模块之间的输入/输出操作
中断（Interrupt）	管理中断
过程控制（Process control）	PID 操作及堆栈
程序控制（Program control）	主要是延迟指令功能块

（一）布尔操作（Boolean operations）

布尔操作类功能块主要有四种，指令描述见表 3-24。

表 3-24　布尔操作功能块指令描述

功能块	描述
F_TRIG（下降沿触发）	下降沿侦测，下降沿时为真
RS（重置）	重置优先
R_TRIG（上升沿触发）	上升沿侦测，上升沿时为真
SR（设置）	设置优先

（二）通信（Communications）

通信类功能块主要负责与外部设备通信，以及自身的各部件之间的联系。该类功能块的主要指令描述见表 3-25。

表 3-25　通信类功能块指令描述

功能块	描述
ABL（测试缓冲区数据列）	统计缓冲区中的字符个数（直到并且包括结束字符）
ACB（缓冲区字符数）	统计缓冲区中的总字符个数（不包括终止字符）
ACL（ASCII 清除缓存寄存器）	清除接收，传输缓冲区内容
AHL（ASCII 握手数据列）	设置或重置调制解调器的握手信号，ASCII 握手数据列
ARD（ASCII 字符读）	从输入缓冲区中读取字符，并把它们放到某个字符串中
ARL（ASCII 数据列读）	从输入缓冲区中读取一行字符，并把它们放到某个字符串中（包括终止字符）
AWA（ASCII 带附加字符写）	写一个带用户配置字符的字符串到外部设备中
AWT（ASCII 字符写出）	从源字符串中写一个字符到外部设备中
MSG_MODBUS（网络通信协议信息传输）	发送 Modbus 信息

（三）计时器（Time）

计时器类功能块指令主要有四种，其指令描述见表 3-26。

表 3-26　计时器功能块指令描述

功能块	描述
TOF（延时断增计时）	延时断计时
TON（延时通增计时）	延时通计时
TONOFF（延时通延时断）	在为真的梯级延时通，在为假的梯级延时断
TP（上升沿计时）	脉冲计时

（四）数据操作（Data manipulation）

数据操作类功能块主要有最大值和最小值，其指令描述见表 3-27。

表 3-27　数据操作类功能块指令描述

功能块	描述
AVERAGE（平均值）	取存储数据的平均值
MAX（最大值）	比较产生两个整数输入中的最大值
MIN（最小值）	计算两个整数输入中的最小值

（五）输入/输出（Input/Output）

输入/输出类功能块指令主要用于管理控制器与外设之间的输入和输出数据，详细指令描述见表 3-28。

表 3-28　输入/输出类功能块指令描述

功能块	描述
HSC（高速计数器）	设置要应用到高速计数器上的高和低预设值及输出源
HSC_SET_STS（HSC 状态设置）	手动设置/重置高速计数器状态
IIM（立即输入）	在正常输出扫描之前更新输入
IOM（立即输出）	在正常输出扫描之前更新输出
KEY_READ（键状态读取）	读取可选 LCD 模块中的键的状态（只限 Micro810™）
MM_INFO（存储模块信息）	读取存储模块的标题信息
PLUGIN_INFO（嵌入型模块信息）	获取嵌入型模块信息（存储模块除外）
PLUGIN_READ（嵌入型模块数据读取）	从嵌入型模块中读取信息
PLUGIN_RESET（嵌入型模块重置）	重置一个嵌入型模块（硬件重置）
PLUGIN_WRITE（写嵌入型模块）	向嵌入型模块中写入数据
RTC_READ（读 RTC）	读取实时时钟（RTC）模块的信息
RTC_SET（写 RTC）	向实时时钟模块设置实时时钟数据
SYS_INFO（系统信息）	读取 Micro800 系统状态
TRIMPOT_READ（微调电位器）	从特定的微调电位模块中读取微调电位值
LCD（显示）	显示字符串和数据（只限于 Micro810™）
RHC（读高速时钟的值）	读取高速时钟的值
RPC（读校验和）	读取用户程序校验和

（六）过程控制（Process control）

过程控制类功能块指令描述见表 3-29。

表 3-29　过程控制类功能块指令描述

功能块	描述
DERIVATE（微分）	一个实数的微分
HYSTER（迟滞）	不同实值上的布尔迟滞
INTEGRAL（积分）	积分
IPIDCONTROLLER（PID）	比例，积分，微分
SCALER（缩放）	鉴于输出范围缩放输入值
STACKINT（整数堆栈）	整数堆栈

二、函数指令

函数类功能块主要是数学函数，用于快速计算变量之间的数学函数关系。该类指令分类及描述见表 3-30。

表 3-30 函数类功能块指令分类及描述

种类	描述
算术（Arithmetic）	数学算术运算
二进制操作（Binary operations）	将变量进行二进制运算
布尔运算（Boolean）	布尔运算
字符串操作（String manipulation）	转换提取字符
时间（Time）	确定实时时钟的时间范围，计算时间差

（一）算术（Arithmetic）

算术类功能块指令主要用于实现算术函数关系，如三角函数、指数幂、对数等。该类指令具体描述见表 3-31。

表 3-31 算术类功能块指令描述

功能块	描述
ABS（绝对值）	取一个实数的绝对值
ACOS（反余弦）	取一个实数的反余弦
ACOS_LREAL（长实数反余弦值）	取一个 64 位长实数的反余弦
ASIN（反正弦）	取一个实数的反正弦
ASIN_LREAL（长实数反正弦值）	取一个 64 位长实数的反正弦
ATAN（反正切）	取一个实数的反正切
ATAN_LREAL（长实数反正切值）	取一个 64 位长实数的反正切
COS（余弦）	取一个实数的余弦
COS_LREAL（长实数余弦值）	取一个 64 位长实数的余弦
EXPT（整数指数幂）	取一个实数的整数指数幂
LOG（对数）	取一个实数的对数（以 10 为底）
MOD（除法余数）	取模数
POW（实数指数幂）	取一个实数的实数指数幂
RAND（随机数）	随机值
SIN（正弦）	取一个实数的正弦
SIN_LREAL（长实数正弦值）	取一个 64 位长实数的正弦
SQRT（平方根）	取一个实数的平方根
TAN（正切）	取一个实数的正切
TAN_LREAL（长实数正切值）	取一个 64 位长实数的正切
TRUNC（取整）	把一个实数的小数部分截掉（取整）
Multiplication（乘法指令）	两个或两个以上变量相乘
Addition（加法指令）	两个或两个以上变量相加
Subtraction（减法指令）	两个变量相减
Division（除法指令）	两个变量相除
MOV（直接传送）	把一个变量分配到另一个变量中
Neg（取反）	整数取反

（二）二进制操作（Binary operations）

二进制操作类指令主要用于二进制数之间的与或非运算，以及实现屏蔽、位移等功能，该类功能块指令描述见表 3-32。

表 3-32　二进制操作功能块指令描述

功能块	描述
AND_MASK（与屏蔽）	整数位到位的与屏蔽
NOT_MASK（非屏蔽）	整数位到位的取反
OR_MASK（或屏蔽）	整数位到位的或屏蔽
ROL（左循环）	将一个整数值左循环
ROR（右循环）	将一个整数值右循环
SHL（左移）	将整数值左移
SHR（右移）	将整数值右移
XOR_MASK（异或屏蔽）	整数位到位的异或屏蔽
AND（逻辑与）	布尔与
NOT（逻辑非）	布尔非
OR（逻辑或）	布尔或
XOR（逻辑异或）	布尔异或

（三）布尔运算（Boolean）

布尔运算功能块指令描述见表 3-33。

表 3-33　布尔运算功能块指令描述

功能块	描述
MUX4B	与 MUX4 类似，但是能接受布尔类型的输入且能输出布尔类型的值
MUX8B	与 MUX8 类似，但是能接受布尔类型的输入且能输出布尔类型的值
TTABLE	通过输入组合，输出相应的值

（四）字符串操作（String manipulation）

字符串操作类功能块指令主要用于字符串的转换和编辑，其指令描述见表 3-34。

表 3-34　字符串操作功能块指令描述

功能块	描述
ASCII（ASCII 码转换）	把字符转换成 ASCII 码
CHAR（字转换）	把 ASCII 码转换成字符
DELETE（删除）	删除子字符串
FIND（搜索）	搜索子字符串
INSERT（嵌入）	嵌入子字符串
LEFT（左提取）	提取一个字符串的左边部分
MID（中间提取）	提取一个字符串的中间部分
MLEN（字符串长度）	获取字符串长度

续表 3-34

功能块	描述
REPLACE（替代）	替换子字符串
RIGHT（右提取）	提取一个字符串的右边部分

三、自定义功能块

（一）自定义功能块的创建

Micro850 控制器突出的一个特点就是在用梯形图语言编写程序的过程中，对于经常重复使用的功能可以编写成功能块，需要重复使用的时候直接调用该功能块即可，无须重复编写程序。这样就给程序开发人员提供了极大的便利，在节省时间的同时也节省精力。功能块的编写步骤与编写主程序的步骤基本一致，下面简单介绍。在项目组织器中，选择功能块图标，单击右键，选择"新建梯形图"。新建功能块的名字默认为"UntitledLD"，单击右键，选择"重命名"，可以给功能块定义相应的名字。双击打开功能块后可以编写完成功能块的功能所需要的程序，功能块的下面为变量列表，这里的变量为本地变量，只能在当前功能块中使用。

这样就完成了一个功能块程序的建立，然后在功能块中编写所要实现的功能，完成后功能块可以在主程序中直接使用。下面以交通灯功能块为例具体介绍功能块的编程。要编写的交通灯功能块完成的功能是：当一个方向的汽车等红灯至少 5s 时，另一个方向的绿灯变为黄灯，保持 2s，然后变成红灯，同时前面红灯方向的红灯变为绿灯。首先把新建功能块命名为"交通灯控制功能块"（TRAFFIC_CONTROLLER_FB），如图 3-29 所示。

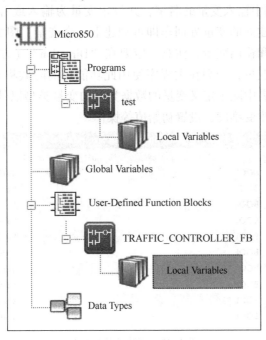

图 3-29   交通灯控制功能块

创建一个新的功能块，首先确定完成此功能块所需要的输入和输出变量。这些输入/输出变量在项目组织器中的本地变量中创建（见图 3-29），在新建功能块的下面，双击本地变量图标，打开如图 3-30 所示创建变量的界面。

	Name	Data Type	Direction	Dimension	Alias	Initial Value	Attribute
*							

图 3-30　创建变量界面

在表格的上部右键单击，显示如图 3-31 所示的选项，这里可以对表格列的显示进行重置，默认显示一些常用选项。

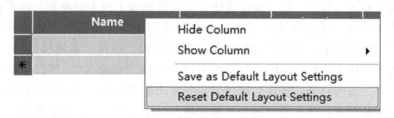

图 3-31　对变量表格重置

对于要编写的交通灯控制功能块，需要四个布尔量输入，分别是四个方向的信号，六个布尔量输出，分别是在东西方向和南北方向的红、黄、绿交通信号灯。输入/输出的定义是在"Direction"一列中定义的，输入用"VarInput"表示，输出用"VarOutput"表示。下面首先定义此功能块所需要的变量，如图 3-32 所示。在表格的"Name"一列中输入变量的名字，并设定变量为输入或者输出变量即可；要新建变量，在已经建立的变量处回车即可创建下一个变量。图 3-32 中是完成此功能块所需要的输入和输出变量，注意一定要在"Direction"（方向）一列中定义变量为输入或者输出变量，否则在主程序使用此功能块的时候将无法显示其输入/输出变量。在变量列表中除了定义变量的数据类型和变量类型以外，还可以对变量进行别名、加注释、改变维度、设置初始值等操作。

Name	Data Type	Dimension	String Size	Initial Value	Direction	Attribute
N_CAR_SENSOR	BOOL				VarInput	Read
S_CAR_SENSOR	BOOL				VarInput	Read
E_CAR_SENSOR	BOOL				VarInput	Read
W_CAR_SENSOR	BOOL				VarInput	Read
NS_RED_LIGHTS	BOOL				VarOutput	Write
NS_YELLOW_LIGHTS	BOOL				VarOutput	Write
NS_GREEN_LIGHTS	BOOL				VarOutput	Write
EW_RED_LIGHTS	BOOL				VarOutput	Write
EW_YELLOW_LIGHTS	BOOL				VarOutput	Write
EW_GREEN_LIGHTS	BOOL				VarOutput	Write

图 3-32　创建功能块变量

定义了输入/输出变量就可以编写功能块程序了。双击"交通灯控制功能块"（TRAFFIC_CONTROLLER_FB）图标，可以打开编程界面。根据要求可知，第一个梯级实现如下功能：如果南北方向红灯和东西方向绿灯亮，并且南北方向的车等了至少 5s，那么就把东西方向绿灯变为黄灯。点击设备工具箱窗口下部的工具箱，展开梯形图工具箱。工具箱里有编写梯形图程序所需要的基本指令，用户只需选择要用的指令，直接拖拽到编程界面中的梯级上即可。

把指令拖拽到梯级上以后，会自动弹出变量列表，编程人员可以直接给指令选择所用的变量，这里选择接触器位指令，并添加"NS_RED_LIGHTS"变量。用同样的方法添加第二个接触器位指令，变量选择"EW_GREEN_LIGHTS"，然后选择一个梯形图分支指令，并在上面分别放接触器位指令，变量为"N_CAR_SENSOR"和"S_CAR_SENSOR"。然后添加一个功能块，选择计时器指令（TON），并给计时器定时 5s。在梯级的最后再添加一个梯级分支，分别放置位线圈"EW_GREEN_LIGHTS"和复位线圈"EW_YELLOW_LIGHTS"。这样就完成了第一个梯级的编写，其功能是：当南北方向红灯和东西方向绿灯同时点亮，并且南北方向车辆等候至少 5s 的时候，复位东西方向绿灯，同时点亮东西方向黄灯。

（二）自定义功能块的使用

第（一）点完成了对交通灯功能块的编写，本节介绍编写的交通灯功能块在主程序中的使用。

（1）首先在项目组织器窗口中创建一个梯形图程序，右键单击程序图标，选择新建梯形图程序。

（2）创建新程序以后，对程序重新命名为"交通灯控制"（Traffic_Light_Control）。

（3）双击"交通灯控制"图标，打开编程界面，在工具箱里选择功能块指令拖拽到程序梯级中，如图 3-33 所示。拖拽功能块指令到梯级以后，会自动弹出功能块选择列表，找到编写好的交通灯控制功能块，选择即可。

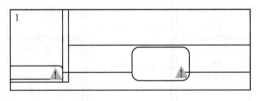

图 3-33　编写主程序

完成参数设置以后，单击"OK"键，交通灯功能块将出现在程序中。可以看到交通灯功能块有四个输入变量和六个输出变量，单击输入或者输出，可以出现选择变量的下拉菜单，如图 3-34 所示，在此下拉菜单中为功能块的输入/输出选择合适的变量。

由于变量默认的名字太长，为了方便起见，可以对使用的变量别名，在功能块的第一个输入处双击，可以打开变量列表，在此列表中可以对变量进行别名，如图 3-35 所示。

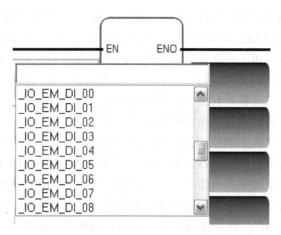

图 3-34　为功能块输入/输出选择变量

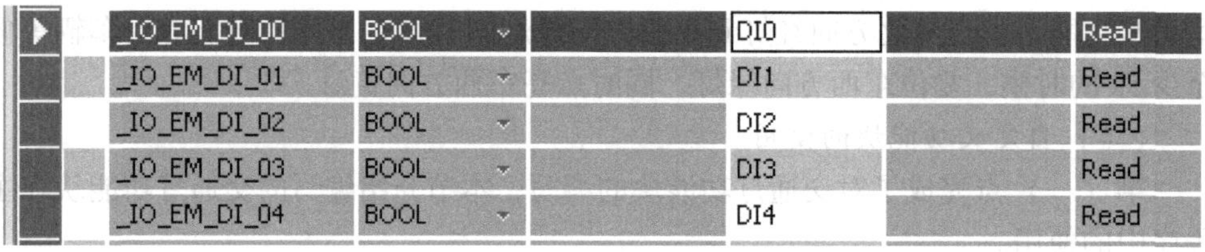

	_IO_EM_DI_00	BOOL	⌄		DI0		Read
	_IO_EM_DI_01	BOOL	⌄		DI1		Read
	_IO_EM_DI_02	BOOL	⌄		DI2		Read
	_IO_EM_DI_03	BOOL	⌄		DI3		Read
	_IO_EM_DI_04	BOOL	⌄		DI4		Read

图 3-35　全局变量列表

对变量别名以后，变量的别名将出现在功能块上，如图 3-36 所示。

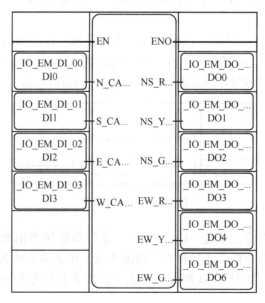

图 3-36　别名后的变量

这样就完成了程序的编写，在项目组织器窗口中右键单击"交通灯控制"图标，选择"编译"（生成），对主程序编译，编译完成后点击保存即可。

➢ **思考与练习**

（1）_____为转换整型变量的指令，常用的通信指令有哪些？

（2）实型数据类型为_____，指令 TOF 的含义是_____。

（3）2080-OF2 模块可以通过_____的转化获得_____。因为 2080-OF2 是_____模拟量输出模块，其输入的数据范围为_____，所以要将其转化成_____电压就需要用公式进行转化。

（4）用经验设计法，设计 PLC 应用程序的一般步骤有哪些？

（5）写出模拟量电压输出公式，计算当 IO_P3_AO_00 = 18000 时，实际输出电压为多少？写出摄氏温度的转化公式，计算当 IO_P2_AI_00 = 2800 时，实际输出的温度为多少？

（6）画出以 Micro850 控制器为核心的温度控制系统的系统原理图，并阐述温度控制单元的工作原理。

（7）用循环或移位指令编写流水灯程序。正方向顺序全通，反方向顺序全断控制：6 盏灯，用两个控制按钮控制，一个为启动按钮、一个为停止按钮。按下启动按钮时，6 盏灯按正方向顺序逐个全亮；按下停止按钮时，6 盏灯按反方向顺序逐个全灭。灯亮或灯灭位移间隔 1s。

（8）有 10 名学生，每名学生的数据包括学号、姓名、三门课的成绩，输入 10 名学生数据，要求计算三门课的总平均成绩，分别统计总平均成绩高于 80 分、高于 70 分低于 80 分的学生、高于 60 分而低于 70 分的学生、低于 60 分的学生，并降序排名。

（9）创建 Micro850 项目编程实现 8 个工作站小车随机呼叫的控制，某车间有 8 个工作台，送料车往返于工作台之间送料，如图 3-37 所示。每个工作台设有一个限位开关（SQ）。

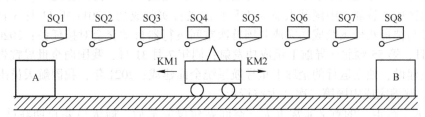

图 3-37　8 个工作站小车随机呼叫的控制

视频—4站
小车随机
呼叫

具体控制要求如下：设送料车现暂停于 m 号工作台（SQm 为 ON）处，m 号指示灯亮，停止灯 C 亮起这时 n 号工作台呼叫（SQn 为 ON）。

1）当 m>n 时，送料车左行，左行灯 A 亮，直至到达 n 号工作台，左行灯 A 灭，m 号指示灯灭，n 号指示灯亮，停止灯 C 亮，到位停车。

2）当 m<n 时，送料车右行，右行灯 B 亮，直至到达 n 号工作台，右行灯 B 灭，m 号指示灯灭，n 号指示灯亮，停止灯 C 亮，到位停车。

模块 4　PowerFlex525 变频器应用设计

● 知识目标

（1）了解 PowerFlex525 变频器硬件组成。

（2）了解 PowerFlex525 变频器选型。

（3）掌握 PowerFlex525 变频器基本工作原理。

（4）掌握 PowerFlex525 变频器内部参数基本含义。

（5）了解 2080-SERIALISOL 配置方法，掌握通信指令 MSG 的含义。

● 技能目标

（1）能熟练对 PowerFlex525 变频器进行面板操作。

（2）能熟练对 PowerFlex525 变频器进行相应的参数设置。

（3）掌握 PowerFlex525 变频器的网络通信，能运用 CCW 对其进行组态。

（4）能运用 Micro850 对 PowerFlex525 变频器进行外部控制。

（5）能正确配置 2080-SERIALISOL，并运用通信模块进行 PowerFlex525 变频器 Modbus 网络控制。

● 思政引导

　　1970 年 4 月 24 日，中国第一颗人造卫星"东方红一号"发射成功，我国成为第五个能制造和发射人造卫星的国家；1999 年 11 月 20 日，中国第一艘载人航天实验飞船神舟一号在酒泉卫星发射中心发射升空，完成空间飞行试验之后，在内蒙古中部地区成功着陆，中国载人航天工程首次飞行实验成功；2011 年 11 月 3 日，天宫一号与神舟八号飞船成功完成我国首次空间飞行器自动交会对接任务；2020 年 6 月 23 日，第 55 颗北斗导航卫星成功发射；同年 7 月 31 日，我国向全世界宣告，中国自主建设、独立运行的全球卫星导航系统全面建成；2021 年，我国航天员出舱巡天 7h，圆满完成中国第二次"太空行走"。

　　"太空行走"的意义非常重大。空间站建设完成后，航天员要长期驻站工作，而不论是空间站外部部件的更换，还是安装设备，都需要出舱完成。从远期来看，不论是载人登月、载人登火，都需要长时间的"太空行走"，因此，具有先进、安全的生命保障系统的舱外航天服的研制，就是"太空行走"的关键技术。现在的国际空间站上，美国、俄罗斯、欧洲、日本的宇航员虽然执行了多次"太空行走"，但都是采用"加拿大臂 2"空间机械臂来运送宇航员的，而俄罗斯当年建造的礼炮号与和平号空间站，还没有空间机械臂，只能通过安全系数来出舱。因此，虽然在空间出舱的次数和时间上，我国比美国和俄罗斯少，但在技术含量上，是处于同一起跑线的，而我国的"飞天"航天服，更是世界上第三个独立研制的舱外航天服。

　　我国航空航天领域在相关科研人员的不懈努力下，取得了巨大的成就。这些成就离不开我国领导人远大的战略目标及全方位的支持。作为新时代的工控技术人员，我们更应该不断学习掌握新技术，为我国航天事业的发展贡献一份力量。

任务 4.1　PowerFlex525 变频器面板操作

4.1.1　任务描述

　　Allen-Bradley-PowerFlex525（以下简称"PF525"）交流变频器是新一代紧凑型变频器，功能多样、安装灵活，通信、节能、易于编程等优势集于一身，有助于提高系统性能、缩短设计时间及制造质量更高的机器。本次任务主要了解 PF525 变频器的参数设置，同时熟悉掌握其面板操作。图 4-1 为 PF525 变频器实物图，图 4-2 为其面板外观图，菜单栏说明如图 4-3 所示。

图 4-1　PF525 变频器实物图

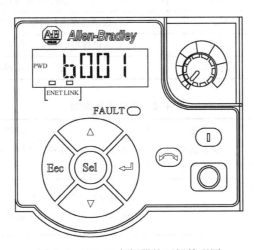

图 4-2　PF525 变频器的面板外观图

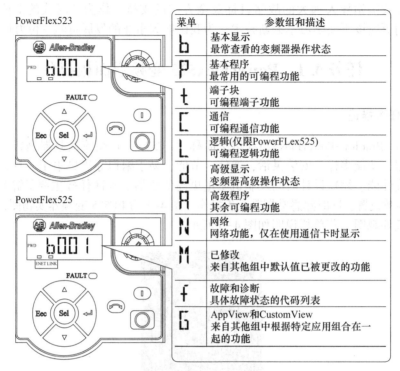

图 4-3　PF525 变频器的菜单栏说明

面板指示灯显示状态见表 4-1，面板按键说明见表 4-2。

表 4-1　面板指示灯显示状态

显示	显示状态	说明
ENET （仅限 PF525）	不亮	设备无网络连接
	稳定	设备已连接上网络，并且驱动由以太网控制
	闪烁	设备已连接上网络，但是以太网没有控制驱动
LINK （仅限 PF525）	不亮	设备未连接到网络
	稳定	设备已连接上网络，但是没有信息传递
	闪烁	设备已连接上网络，并且正在进行信息传递
FAULT	红色闪烁	表明驱动出现故障

表 4-2　面板按键说明

按键	名称	描述
△ ▽	向上箭头 向下箭头	滚动显示可由用户选择的显示参数或组； 增大值
Eec	退出	在编程菜单中后退一步； 取消对参数值的更改并退出程序模式

按键	名称	描述
Sel	选择	在编程菜单中前进一步； 在查看参数值时选择一个数字
↵	回车	在编程菜单中前进一步； 保存对参数值的更改
☎	反向	用于反向变频器的方向，默认为有效状态。 由参数 P046、P048 和 P050 ［启动源 x］和 A544 ［反转禁用］控制
Ⅰ	启动	用于启动变频器，默认为有效状态。 由参数 P046、P048 和 P050 ［启动源 x］控制
▣	停止	用于停止变频器或清除故障； 该键始终处于有效状态； 由参数 P045 ［停止模式］控制
⟲	电位器	用于控制变频器的速度，默认为有效状态。 由参数 P047、P049 和 P051 ［速度基准值 x］控制

4.1.2　任务实施

4.1.2.1　面板基本操作

（1）通电后，显示屏将以闪烁字符短暂显示上一次由用户选择的基本显示组参数号，然后显示屏默认显示参数的当前值。示例 ｜ 000 ｜ 中，显示的是变频器停止时 b001 ［输出频率］的值。

（2）按下 Esc（退出）显示通电时显示的基本显示组参数号，参数号将闪烁 ｜ b001 ｜ 显示。

（3）按下 Esc（退出）进入参数组列表，参数组字母将闪烁 ｜ b001 ｜ 显示。

（4）按下向上箭头或向下箭头滚动该组列表（b、P、t、C、L、d、A、f 和 Gx），例如 ｜ P031 ｜ 。

（5）按下回车键或 Sel 进入一个组，该组中上一次查看的参数的最右边数字将闪烁 ｜ P031 ｜ 显示。

（6）按下向上箭头或向下箭头滚动显示参数列表。

（7）按下 Enter（回车）查看参数值， ｜ 230 ｜ 或按 Esc（退出）返回到参数列表。

（8）按下 Enter（回车）或 Sel（选择）进入程序模式并编辑相应的值，右边的数字将闪烁显示，液晶显示屏上单词 "Program"（程序）将亮起 ｜ 230 ｜ 。

（9）按下向上箭头或向下箭头更改参数值。

（10）如有必要，按下 Sel（选择）在数字或数位之间移动，可更改的数字或数

位将会闪烁 ⌐ 229 ᵛᵒˡᵗˢ 显示。

（11）按下 Esc（退出）取消更改并退出程序模式，或按下 Enter（回车）保存更改并退出程序模式。数字将停止闪烁，液晶显示屏上单词"Program"（程序）将熄灭 ⌐ 230 ᵛᵒˡᵗˢ 或 ⌐ 229 ᵛᵒˡᵗˢ 。

（12）按 Esc（退出）返回到参数列表。继续按下 Esc（退出），直到退出编程菜单。如果按下 Esc（退出）后显示画面未改变，则显示 b001［输出频率］。按下 Enter（回车）或 Sel（选择）重新进入组列表 ⌐ P031 。

4.1.2.2 基本操作参数设置

PF525 变频器基本参数组说明，分为基本显示（b）、基本程序（p）、端子块（t）和通信（C），具体说明见表 4-3。参数还包括逻辑（L）、高级显示（d）、高级程序（A）和网络（N），具体信息可扫书后附录二维码查看。

表 4-3　PF525 变频器基本参数组说明

基本显示	输出电压　b004	控制源　b012	消耗的运行时间 b019	累计减少二氧化碳
	直流母线电压　b005	控制输入状态　b013	平均功率　b020	b026
	变频器状态　b006	数字量输入状态	已消耗千瓦时　b021	变频器温度　b027
输出频率　b001	故障 1 代码　b007	b014	已消耗兆瓦时　b022	控制温度　b028
命令频率　b002	故障 2 代码　b008	输出每分钟转速	节省能源　b023	控制软件版本　b029
输出电流　b003	故障 3 代码　b009	b015	累计节省千瓦时 b024	
	过程显示　b010	输出速度　b016	累计节省成本　b025	
		输出功率　b017		
		节省功率　b018		
基本程序	电机铭牌频率　P032	电压等级　P038	最大频率　P044	启动源 3　P050
	电机过载电流　P033	转矩性能模式　P039	停止模式　P045	速度基准值 3　P051
	电机铭牌满载电流	自整定　P040	启动源 1　P046	平均千瓦时成本
语言　P030	P034	加速时间 1　P041	速度基准值 1　P047	P052
电机铭牌电压	电机铭牌极数　P035	减速时间 1　P042	启动源 2　P048	复位为默认值　P053
P031	电机铭牌每分钟转速	最小频率　P043	速度基准值 2　P049	
	P036			
	电机铭牌功率　P037			
端子块	数字量输入端子块 07① t067	继电器 1 接通时间 t079	模拟量输出上限① t089	模拟量损失延迟 t098 模拟量输入滤波器
	数字量输入端子块 08① t068	继电器 1 关闭时间 t080	模拟量输出设定值① t090	t099
数字量输入端子块 02　t062	光电输出 1 选择① t069	继电器输出 2 选择① t081	模拟量输入 0~10V 下限　t091	睡眠-唤醒选择 t100 睡眠级别　t101
数字量输入端子块 03　t063	光电输出 1 电平① t070	继电器输出 2 电平① t082	模拟量输入 0~10V 上限　t092	睡眠时间　t102 唤醒级别　t103
双线模式　t064	光电输出 2 选择① t072	继电器 2 接通时间① t084	10V 双极性使能① t093	唤醒时间　t104 安全打开使能① t105
数字量输入端子块 05　t06S				
数字量输入端子块 06　t066	光电输出 2 电平① t073	继电器 2 关闭时间① t085	模拟量输入电压损失 (V)　t094	

续表 4-3

	光电输出逻辑① t075 继电器输出 1 选择 t076 继电器输出 1 电平 t077	EM 制动关闭延迟 t086 EM 制动接通延迟 t087 模拟量输出选择① t088	模拟量输入 4 ~ 20mA 下限 t095 模拟景输入 4 ~ 20mA 上限 t096 模拟量输入电流损失（mA） t097	
通信 通信写入模式 C121 命令状态选择① C122 RS485 数据率 C123 RS485 节点地址 C124 通信丢失操作 C125 通信丢失时间 C126 RS485 格式 C127	EN 地址选择① C128 ENIP 地址配置 1① C129 ENIP 地址配置 2① C130 ENIP 地址配置 3① C131 ENIP 地址配置 4① C132 EN 子网配置 1① C133 EN 子网配置 2① C134 EN 子网配置 3① C135 EN 子网配置 4① C136 EN 网关配置 1① C137 EN 网关配置 2① C138	EN 网关配置 3① C139 EN 网关配置 4① C140 EN 速率配置① C141 EN 通信故障操作① C143 EN 空转故障操作① C144 EN 故障配置逻辑① C145 EN 故障配置基准值① C146 EN 故障配置延迟 1① C147 EN 故障配置延迟 2① C148 EN 故障配置延迟 3① C149 EN 故障配置延迟 4① C150	EN 数据输入 1① C153 EN 数据输入 2① C154 EN 数据输入 3① C155 EN 数据输入 4① C156 EN 数据输出 1① C157 EN 数据输出 2① C158 EN 数据输出 3① C159 EN 数据输出 4① C160 Opt 数据输入 1 C161 Opt 数据输入 2 C162 Opt 数据输入 3 C163	Opt 数据输入 4 C164 Opt 数据输出 1 C165 Opt 数据输出 2 C166 Opt 数据输出 3 C167 Opt 数据输出 4 C168 多变频器选择 C169 变频器 1 地址 C171 变频器 2 地址 C172 变频器 3 地址 C173 变频器 4 地址 C174 DSI I/O 配置 C175

①参数仅适用于 PowerFlex525 变频器。

根据上述介绍参考表 4-3 内容，完成如下任务：

（1）通过面板操作对 PF525 交流变频器进行"参数复位"或"出厂复位"，写出对应参数；

（2）在运行状态显示并纪录 PF525 交流变频器的"输出电压""输出电流""输出速度"和"输出功率"；

（3）设置 PF525 交流变频器的加速时间为 2s、减速时间为 3s、最大频率为 40Hz，写出对应参数；

（4）设置 PF525 交流变频器的启动方式为面板操作模式和 EtherNet/IP，写出对应参数；

（5）设置 PF525 交流变频器，选择显示语言（注：设置将在变频器重新上电后生效）；

（6）通过面板操作能够对 PF525 交流变频器进行 IP 地址分配，如 192.168.1. xx；

（7）完成模块的任务评价。

任务 4.2　CCW 组态 PowerFlex525 变频器

4.2.1　任务描述

微课—变
频器

微课—
PowerFlex525
变频器控制
应用

　　PF525 变频器提供了 EtherNet/IP 端口，可以支持 EtherNet 网络控制结构。CCW 组态软件有助于最大程度缩短机器的设计和开发时间，可以通过 USB 连接上传和下载配置并通过 EtherNet/IP、DeviceNet 或其他开放式工业网络配置变频器。CCW 组态软件支持 PowerFlex 变频器、Micro800 可编程控制器和 PanelView Component 图形终端。本次任务主要实现用 CCW 控制 PF525 变频器的启动、停止及正反转运行等基本操作。

4.2.2　任务实施

4.2.2.1　在 CCW 中创建 PF525 变频器

　　打开 CCW 软件，在添加设备目录中选择"驱动器"，驱动器中选择"PowerFlex525"进行组态。双击组态图标即进入配置界面，可对变频器进行参数设置、连接、下载等一系列操作。

4.2.2.2　地址分配

　　打开"BOOTP/DHCP"，如果变频器已经连入实训平台并且与电脑 IP 在同一个网段中，则会出现图 4-4（a）所示画面，00 开头的为变频器，E4 开头的为 PLC，此时 BOOTP 循环扫描（动态扫描），双击其中一个"00：1D：9C：EA：76：1E"（变频器的 MAC）输入相应 IP 地址"192.168.1.202"（保证此 IP 对应自己的实验平台，不能与其他实验平台 IP 地址冲突），如图 4-4（b）所示。

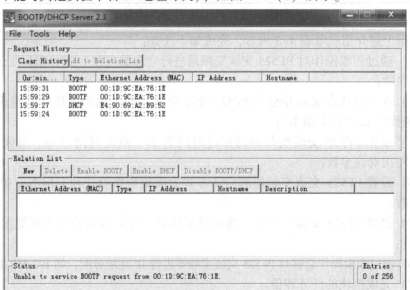

(a)

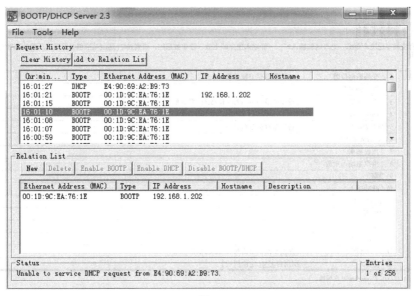

(b)

图 4-4　EtherNet/IP 硬件地址分配

4.2.2.3　PF525 变频器 EtherNet 连接

点击"连接"或者"下载",将进行组态连接,如果上述步骤 4.2.2.2 地址分配正确,界面会弹出允许在线的图标(没有红色的叉),选中点击"ok",选择"使用物理",点击"继续",连接完成。

4.2.2.4　PF525 变频器参数配置

上传完成后,可以根据需要对 PF525 变频器进行参数配置,这里有两种方式:第一种在参数列表中进行参数填写;第二种根据向导进行配置。

4.2.2.5　远程操作前 PF525 变频器的参数设置

操作前,需要对 PF525 变频器参数进行设置,P46 参数更改为"5"(见图 4-5),P47 参数从原来默认的"1"更改为"15"(见图 4-6)。

P046 [启动源 1]
P048 [启动源 2]
P050 [启动源 3]
🔘 更改该参数前应停止变频器。
用于配置变频器启动源。更改这些输入时,一经输入便立即生效。除非被超控,否则 P046[启动源 1]即是出厂默认启动源

选项	1 "键盘"	[启动源 1]默认值
	2 "数字量输入端子块"	[启动源 2]默认值
	3 "串行 /DSI"	[启动源 3]为 PowerFlex 523 的默认值
	4 "网络选项"	
	5 "EtherNet/IP"①	[启动源 3]为 PowerFlex 525 的默认值

① 设置仅适用于 PowerFlex 525 变频器。

图 4-5　P46 参数说明

P047 [速度基准值 1]
P049 [速度基准值 2]
P051 [速度基准值 3]

选择变频器速度命令源。更改这些输入时，一经输入便立即生效。除非被超控，否则 P047 [速度基准值 1] 即是出厂默认速度基准值

选项			
	1	"变频器电位器"	[速度基准值 1] 默认值
	2	"键盘频率"	
	3	"串行 /DSI"	[速度基准值 3] 为 PowerFlex 523 的默认值
	4	"网络选项"	
	5	"0-10 V 输入"	[速度基准值 2] 默认值
	6	"4-20 mA 输入"	
	7	"预设频率"	
	8	"模拟量输入乘数" ①	
	9	"MOP"	
	10	脉冲输入"	
	11	"PID1 输出"	
	12	"PID2 输出" ①	
	13	"步进逻辑"	
	14	"编码器" ①	
	15	"EtherNet/IP" ①	[速度基准值 3] 为 PowerFlex 525 的默认值
	16	"定位" ①	引用自 A558 [定位模式]

① 设置仅适用于 PowerFlex 525 变频器。

图 4-6　P47 参数说明

4.2.2.6　EtherNet/IP 操作

视频—
EtherNet
操作

　　配置完毕点击上方菜单的"Control Bar"（控制），进入"EtherNet/IP"控制变频器启动模式（注：这里显示的是 6 版本的英文版，10 版本的画面与之有所区别，原理相同）。此时就可以对 PF525 变频器进行远程操作，包括启动、停止及正反转运行等基本操作。

任务 4.3　Micro850 PLC 与 PowerFlex525 变频器联合应用设计

4.3.1　任务描述

　　通过 Micro850 PLC 对 PowerFlex525 变频器实施外部控制，进一步掌握 PF525 变频器的相关参数含义，同时了解变频器外部的接线原则。本次任务实现 PLC 与变频器联合控制电动机正反转和多段速的运行。

4.3.2　任务实施

4.3.2.1　Micro850 PLC 控制 PF525 变频器实现电动机正反转

　　（1）读懂并理解 PF525 变频器外部接线图各个端子含义，PF525 硬件外部接线如图 4-7 所示，各端子说明见表 4-4。

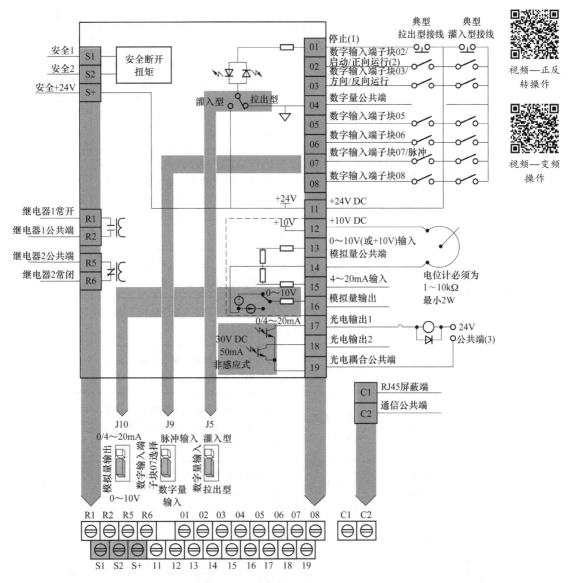

图 4-7　PowerFlex525 控制 I/O 接线框图

表 4-4　控制 I/O 端子说明

编号	信号	默认值	描述	参数
R1	继电器 1 常开	故障	输出继电器常开触点	t076
R2	继电器 1 公共端	故障	输出继电器公共端	
R5	继电器 2 公共端	电机运行	输出继电器公共端	t081
R6	继电器 2 常闭	电机运行	输出继电器常闭触点	
01	停止	惯性	三线停止。它在所有输入模式下均行使停止功能，且无法禁用	P045

续表 4-4

编号	信号	默认值	描述	参数
02	数字量输入端子块 02/启动/正向运行	正向运行	用于启动运动，也可用作可编程数字量输入。可通过 t062 [数字量输入端子块 02] 将其编程为三线（启动/带停止的方向）或双线（正向运行/反向运行）控制。电流消耗为 6mA	P045, P046, P048, P050, A544, t062
03	数字量输入端子块 03/方向/反向运行	反向运行	用于启动运动，也可用作可编程数字量输入。可通过 t063 [数字量输入端子块 03] 将其编程为三线（启动/带停止的方向）或双线（正向运行/反向运行）控制。电流消耗为 6mA	t063
04	数字量公共端	—	返回到数字量 I/O。与变频器其余部分（以及数字量 I/O）电气隔离	—
05	数字量输入端子块 05	预设频率	通过 t065 [数字量输入端子块 05] 设定，电流消耗为 6mA	t065
06	数字量输入端子块 06	预设频率	通过 t066 [数字量输入端子块 06] 设定，电流消耗为 6mA	t066
07	数字量输入端子块 07/脉冲输入	启动源 2+速度基准值 2	通过 t067 [数字量输入端子块 07] 设定。也用作基准或速度反馈的"脉冲序列"输入。最大频率为 100kHz，电流消耗为 6mA	t067
08	数字量输入端子块 08	正向点动	通过 t068 [数字量输入端子块 08] 设定，电流消耗为 6mA	t068
C1	C1	—	该端子连接到 RJ-45 端口屏蔽层。使用外部通信设备时，应将该端子接到洁净的接地端，以增强抗扰度	—
C2	C2	—	这是通信信号的公共端	—
S1	安全 1	—	安全输入 1，电流消耗为 6mA	—
S2	安全 2	—	安全输入 2，电流消耗为 6mA	—
S+	安全+24V	—	安全电路+24V 电源。内部连接到+24V DC 拉出式电源（引脚 11）	—
11	+24V DC	—	以数字量公共端为基准；变频器供电的数字量输入电源；最大输出电流为 100mA	—
12	+10V DC	—	以模拟量公共端为基准；变频器供电的 0~10V 外部电位器电源；最大输出电流为 15mA	P047, P049

续表 4-4

编号	信号	默认值	描述	参数
13	±10V 输入	无效	用于外部 0～10V（单极性）或±10V（双极性）输入电源或电位器滑动臂。 输入阻抗：电压源 = 100kΩ，允许的电位器阻抗范围 = 1～10kΩ	P047，P049，t062，t063，t065，t066，t093，A459，A471
14	模拟量公共端	—	返回到模拟量 I/O。与变频器其余部分（以及模拟量 I/O）电气隔离	—
15	4-20mA 输入	无效	用于外部 4～20mA 输入电源，输入阻抗 = 250Ω	P0470，P049，t062，t063，t065，t066，A459，A471
16	模拟量输出	0～10V	默认模拟量输出为 0～10V。要转换电流值，将模拟量输出跳线更改为 0～20mA。通过 t088［模拟量输出选择］设定。最大模拟最值可通过 t089［模拟量输出上限］来设定。 最大负载：4～20mA = 525Ω（10.5V），0～10V = 1kΩ（10mA）	t088，t089
17	光电输出 1	电机运行	通过 t069［光电输出 1 选择］设定； 每个光电输出的额定值都为 30V DC 50mA（非感应式）	t069，t070，t075
18	光电输出 2	频率	通过 t072［光电输出 1 选择］设定； 每个光电输出的额定值都为 30V DC 50mA（非感应式）	t072，t073，t075
19	光电耦合公共端	—	光耦合器输出（1 和 2）的发射器在光耦合器公共端连接在一起，它们与变频器的其他部分电气隔离	—

（2）绘制 PLC 与变频器的外部接线图，并进行外部连线。首先将变频器端子上的 2（启动/正向运行）、3（反向运行）分别接 PLC 输出的输出点，或者其他输出端，并将变频器端子的 11 接输出公共 COM 端（注：接线过程需要断电操作）。

（3）根据参数要求对变频器参数进行设置，调整到外部操作模式。

（4）对控制要求进行 I/O 分配，在 CCW 软件中进行程序编写，并模拟测试，测试无误后，接线联机运行。

（5）完成模块的任务评价。

4.3.2.2　Micro850 PLC 控制 PF525 变频器实现电动机多段速控制

某生产机械在运行过程中要求按 20Hz-35Hz-50Hz 变速运行，变频器的加速时间为 2s、减速时间为 2s，用 PLC 与变频器联合控制方式进行任务操作。具体要求如下：

（1）进一步了解参数含义，并能熟练进行变频器的参数设置；

（2）PLC 与变频器的外部接线图进一步理解及熟悉；

（3）根据参数要求对变频器参数进行设置，调整到外部操作模式；

（4）按控制要求进行 I/O 分配及程序编写，并模拟测试，测试无误后接线联机运行；

（5）完成模块的任务评价。

4.3.2.3　多段速任务分析

A　PF525 变频器启动和速度基准值控制——启动源和速度基准值选项

在进行多段速控制时，重点是参数设置及参数理解。图 4-8 为 PF525 变频器启

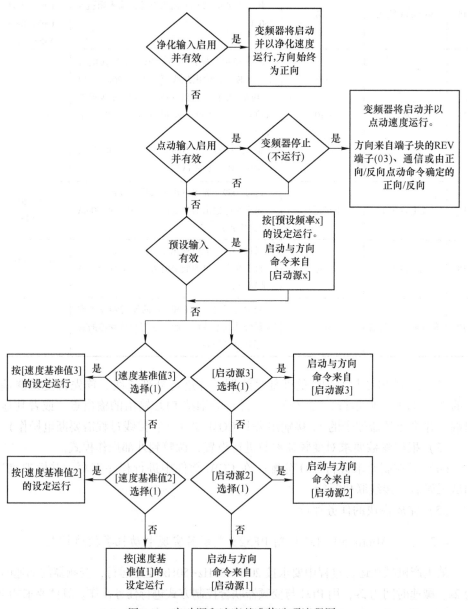

图 4-8　启动源和速度基准值选项流程图

动源和速度基准值选项流程，可通过许多不同的源来获取启动和变频器速度命令。默认情况下，启动源由 P046 ［启动源 1］确定，而变频器速度源由 P047 ［速度基准值 1］确定。

B　启动源的数字量输入选择

启动源的数字量输入选择流程图如图 4-9 所示。如果已将 P046、P048 或 P050 ［启动源 x］设为"2"，"数字量输入端子块"，则必须将"t062"和"t063"［数字量输入端子块 xx］配置为 2 线或 3 线控制，以便变频器能够正常工作，相关参数解释见表 4-5，图 4-10 为端子块组部分参数选项。

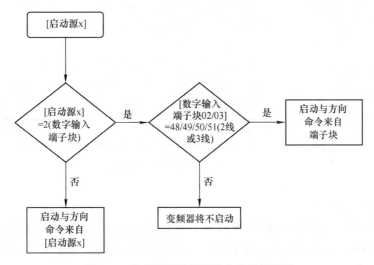

图 4-9　启动源的数字量输入选择流程图

表 4-5　控制 I/O 接线图解释

重要事项：I/O 端子 01 始终作为停止输入，停止模式由变频器设置来决定		
P046、P048、P050 ［启动源 x］	正常停止	I/O 端子 01 停止
1 "键盘"	按照 P045 ［停止模式］	惯性
2 "数字端子块"		请参见 t062、t063 ［数字量输入端子块 xx］
3 "串行/DSI"		惯性
4 "网络选项"		按照 P045 ［停止模式］
5 "EtherNet/IP"		按照 P045 ［停止模式］
t062、t063 ［数字量输入端子块 xx］	正常停止	I/O 端子 01 停止
48 "2 线正转"	按照 P045 ［停止模式］	请参见 t064 ［双线模式］
49 "3 线启动"		按照 P045 ［停止模式］
50 "2 线反转"		请参见 t064 ［双线模式］
51 "3 线方向"		按照 P045 ［停止模式］

端子块组

t062	[数字量输入端子块 02]	**t063**	[数字量输入端子块 03]
t065	[数字量输入端子块 05]	**t066**	[数字量输入端子块 06]
t067	[数字量输入端子块 07]	**t068**	[数字量输入端子块 08]

PF525 仅限 PowerFlex 525

相关参数：b012、b013、b014、P045、P046、P048、P049、P050、P051、t064、t086、A410~A425、A427、A431、A432、A433、A434、A435、A442、A443、A488、A535、A560、A562、A563、A567、A571

⬤ 更改该参数前应停止变频器

可编程数字量输入。更改这些输入时，一经输入便立即生效。如果数字量输入选择设置为仅在一个输入端口可用，则其他输入无法设置同样的选择

选项	0 "未使用"	端子无功能，但可借助网络通信通过 b013[控制输入状态] 和 b014[数字量输入状态] 来读取
	1 "速度基准值 2"	选择 P049[速度基准值 2] 作为变频器的速度命令
	2 "速度基准值 3"	选择 P051[速度基准值 3] 作为变频器的速度命令
	3 "启动源 2"	选择 P048[启动源 2] 作为变频器的启动控制源
	4 "启动源 3"	选择 P050[启动源 3] 作为变频器的启动控制源
	5 "速度+启动 2"	[数字量输入端子块 07] 默认值 选择 P049[速度基准值 2] 和 P048[启动源 2] 组合作为启动变频器的控制源和速度命令
	6 "速度+启动 3"	选择 P051[速度基准值 3] 和 P050[启动源 3] 组合作为启动变频器的控制源和速度命令
	7 "预设频率" (PF523: 仅用于数字量输入端子块 03、05 和 06) (PF525: 仅用于数字量输入端子块 05..08)	[数字量输入端子块 05] 和 [数字量输入端子块 06] 默认值 (1)选择速度模式 (P047、P049、P051[速度基准值 x]=1..15)的预设频率。参见 A410..A425[预设频率 x]。 (2)选择定位模式 (P047、P049、P051[速度基准值 x]=16..)的预设频率和位置。参见 L200..L214[步进单位 x](仅适用于 PowerFlex 525 变频器)。

重要事项：当数字量输入设为"预设速度"且有效时，则将优先由它进行频率控制

图 4-10 端子块组部分参数选项

C 加速/减速选择

加速/减速选择流程图如图 4-11 所示。加速/减速率可通过多种方法获取。默认速率由 P041 [加速时间 1] 和 P042 [减速时间 1] 确定。通过数字量输入、通信和（或）参数可设定替代加速/减速率。

D 解释分析

本任务用 PLC 对变频器的数字量端口进行控制，需要对上述图 4-8~图 4-11 及表 4-5 的含义进行深入理解。图 4-7 变频器的外部接线图，对 I/O 端子 01~08 说明：01 端子为停止功能；04 端子为公共端；07 端子为脉冲功能；02、03 端子为 3 线选择，默认为启动及方向功能；05、06、08 端子为数字输入端子即多段数选择。

根据图 4-10 端子块组部分参数选项所述，变频器外部端子对应参数分别为：t062 对应 2 号端子，t063 对应 3 号端子，t065 对应 5 号端子，t066 对应 6 号端子，t067 对应 7 号端子，t068 对应 8 号端子。

变频器需要用到 2 号、3 号、5 号~8 号端子，因此需要对参数 t062、t063、t065~t068 进行设置。根据图 4-5 中，外部端子控制时需要把 P046（优先级最高）、P048、P050 设置为"2"。

说明：P046、P048、P050 都为启动源的设置参数，先有启动源后，再进行速度设置。所以 P046 与 P047、P048 与 P049、P050 与 P051 是一一对应关系，需要成对配置。根据优先级原则，P046 与 P047 优先级最高，所以只要设置 P046＝2 即可，P048 和 P050 可以不设置，默认即可。

P046 设置为"2"后，根据图 4-9 所述，t062 和 t063 必须为 2 线及 3 线控制，

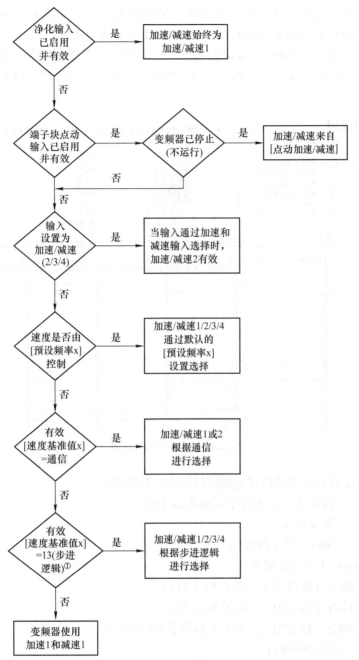

图 4-11   加速/减速选择流程图
（①设置仅适用于 PowerFlex525 变频器）

需要把 t062 设置为 "48"（为 2 线）或 "49"（为 3 线），参见表 4-5 解释。

2 线解释说明：如果设置为 t062 = 48，根据表 4-5 的解释，即为 "2 线正转"，也就是说只要变频器的 2 号端子导通，电动机就可以运转，说明频率的输出值配置需要参看图 4-6 列表。例：如果 P047 = 1，其运转速度由面板电位器控制。

3 线解释说明：如果 t062 = 49，根据表 4-5 的解释为 "3 线启动"，也就是说变频器的 2 号端子导通后还需要给频率速度才能运行。注：在参数设置时 t062 = 48 时，必须 t063 = 50；t062 = 49 时，必须 t063 = 51 需要成对出现。

根据图 4-11，将 t065 ~ t068 设置为"7"，即预设频率进行工作，参数为 A410 ~ A425，如图 4-12 所示。说明 t067 对应 7 号端子，本端子为脉冲，因此可以不设置 t067 的值。

高级编程组

A410 [预设频率 0]	A411 [预设频率 1]
A412 [预设频率 2]	A413 [预设频率 3]
A414 [预设频率 4]	A415 [预设频率 5]
A416 [预设频率 6]	A417 [预设频率 7]
A418 [预设频率 8]	A419 [预设频率 9]
A420 [预设频率 10]	A421 [预设频率 11]
A422 [预设频率 12]	A423 [预设频率 13]
A424 [预设频率 14]	A425 [预设频率 15]

PF 525 仅限 PowerFlex 525

如选中，将变频器频率输出的频率设置为编程值

(1) 仅当P047、P049或P051[速度基准值x]设为7"预设频率"时，预设设置0才可用

值	默认值：
	预设频率 0　　0.00 Hz
	预设频率 1　　5.00 Hz
	预设频率 2　　10.00 HZ
	预设频率 3　　20.00 Hz
	预设频率 4　　30.00 Hz
	预设频率 5　　40.00 Hz
	预设频率 6　　50.00 Hz
	预设频率 7...15　　60.00 Hz
最小值 / 最大值	0.00/500.00 Hz
显示值	0.01 Hz

对于 PowerFlex 525

	使用的默认加速 / 减速	预设输入1 (数字量输入端子块 05)	预设输入2 (数字量输入端子块 06)	预设输入3 (数字量输入端子块 07)	预设输入4 (数字量输入端子块 08)
预设设置 0	1	0	0	0	0
预设设置 1	1	1	0	0	0
预设设置 2	2	0	1	0	0
预设设置 3	2	1	1	0	0
预设设置 4	1	0	0	1	0
预设设置 5	1	1	0	1	0
预设设置 6	2	0	1	1	0
预设设置 7	2	1	1	1	0
预设设置 8	1	0	0	0	1
预设设置 9	1	1	0	0	1
预设设置 10	2	0	1	0	1
预设设置 11	2	1	1	0	1
预设设置 12	1	0	0	1	1
预设设置 13	1	1	0	1	1
预设设置 14	1	0	1	1	1
预设设置 15	2	1	1	1	1

图 4-12　预设频率参数表

上述为变频器参数的设置过程解释说明，具体为：

P046 = 2（最高优先级为数字量输入端子块）；

P047 = 7（预设频率）；

t062 = 48、t063 = 50（两线）；

t065 ~ t068 = 7（预设频率）。

A411 = 20Hz（预设值 1，端子 5 = 1 时）；

A412 = 35Hz（预设值 2，端子 6 = 1 时）；

A413 = 50Hz（预设值 2，端子 5 和端子 6 = 1 时）；

P041 = 2（加速时间）；

P042 = 2（减速时间）。

任务 4.4　PowerFlex525 变频器模拟量控制系统设计

4.4.1　任务描述

设计一个温度自动控制系统要求：

(1) 有一个温度传感器检测厂区温度，当厂区温度小于 10℃ 时，红灯亮，变

频器控制的风机关闭节能；

（2）当厂区温度大于等于 10℃、小于 30℃ 时，变频器控制的风机变频运行，对应频率为 10~30Hz 可调，同时黄灯亮；

（3）大于等于 30℃ 时，全频 50Hz 运行，同时绿灯亮；

（4）按下启动按钮，系统运行，按下停止按钮系统停止运行。

本任务重点学习模拟量输入模块 2080-IF2 和输出模块 2080-OF2 的使用，同时结合变频器进行 PLC 与变频器的联合控制。

4.4.2　任务实施

4.4.2.1　配置模块

打开 CCW 软件在 Micro850 PLC 组态画面中配置模拟量输入模块 2080-IF2 和输出模块 2080-OF2。模拟量模块参数说明见表 4-6，2080-IF2 和 2080-OF2 均有两个模拟量通道，本任务都选择通道 0，且都为电压输出模式（如电流形式，则需要修改 P47 等参数的值与之对应）。模拟量模块外部接线实物图如图 4-13 所示。

图片—配置模块 1

图片—配置模块 2

表 4-6　2080 功能块说明

功能性插件模块			
类别	产品目录号		描述
数字量 I/O	2080-IQ4		4 点数字量输入，12/24V DC，灌入型/拉出型，类型 3
	2080-OB4		4 点数字量输出，12/24V DC，拉出型
	2080-OV4		4 点数字量输出，12/24V DC，灌入型
	2080-OW4I		4 点继电器输出，单独隔离型，2A
	2080-IQ4OB4		8 点组合，4 点数字量输入，12/24V DC，灌入型/拉出型，类型 3，以及 4 点数字量输出，12/24V DC，拉出型
	2080-IQ4OV4		8 点组合，4 点数字量输入，12/24V DC，灌入型/拉出型，类型 3，以及 4 点数字量输出，12/24V DC，灌入型
模拟量 I/O	2080-IF4		4 通道模拟量输入，0~20mA，0~10V，非隔离型 12 位
	2080-IF2		2 通道模拟量输出，0~20mA，0~10V，非隔离型 12 位
	2080-OF2		2 通道模拟量输出，0~20mA，0~10V，非隔离型 12 位
通信	2080-SERIALISOL		RS232/485 隔离型串行端口
专用	2080-TRIMPDT6		6 通道微调电位计模拟量输入
	2080-RTD2		2 通道 RTD，非隔离型，±1.0℃
	2080-TC2		2 通道 TC，非隔离型，±1.0℃
备份存储器	2080-MEMBAK-RTC		存储器备份以及高精度 RTC

图 4-13　模拟量模块外部接线实物图

4.4.2.2　PLC 与变频外部接线说明

PLC 与变频器外部接线的实验案例程序如图 4-14 和图 4-15 所示，表 4-7 为接线对应表。

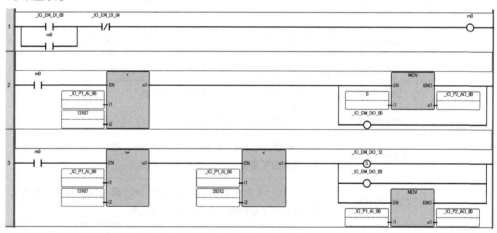

图 4-14　案例参考程序 1

表 4-7　PLC 与变频外部接线对应表

输入设备	相应端子	变频器对应端子
2080-OF2	V0-0	13 号端子
2080-OF2	COM	14 号端子
Micro850 PLC	COM8 与 COM9 短接	11 号端子
Micro850 PLC	D0-12	2 号端子
Micro850 PLC	D0-13	5 号端子
Micro850 PLC	D0-14	6 号端子
Micro850 PLC	D0-16	3 号端子
Micro850 PLC	D0-17	8 号端子

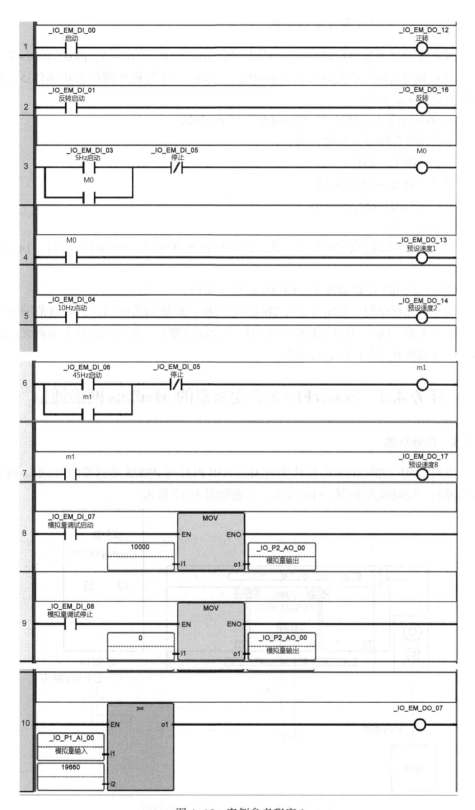

图 4-15　案例参考程序 2

4.4.2.3　参数设置及 I/O 分配

（1）变频器参数为：P046＝2，t062＝48，t063＝50，P047＝5，t065－ t068＝7。

（2）数值对应换算关系为：2080-IF2 与 2080-OF2 数据范围都为 0~65535，所以数值对应关系如下：

0~50℃ 对应 0~65535 对应 0~10V 对应 0~50Hz。

在实验平台模拟操作时，则有：

10℃—10Hz—13107—2V

30℃—30Hz—39312—6V

50℃—50Hz—65535—10V

I/O 设置如下。

输出：D0-12 接线变频器 2 号线，D0-00 接外部红灯，D0-03 接黄灯，D0-07 接绿灯。

输入：DI-03 接启动按钮，DI-04 接停止按钮。

注意：在程序编写时需要注意 2080-IF 模拟量模块的范围内，如超过范围则实验现象不正确。因为 2080-OF 模拟量模块只能输出整型，如出现实数关系则无法编辑，而且范围 65535 也很容易超限。

任务 4.5　PowerFlex525 变频器的 Modbus 网络通信

4.5.1　任务描述

应用 2080-SERIALISOL 模块实现 Micro850 PLC 与 PF525 变频器的 Modbus 网络通信控制，控制原理如图 4-16 所示，实物如图 4-17 所示。

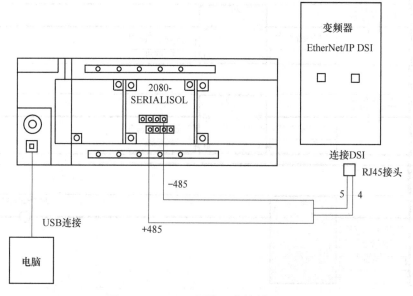

图 4-16　Modbus 网络通信控制原理图

功率额定值为0.4～22kW/0.5～30Hp，支持120V、240V、480V和600V的全球各种电压等级。共有五种框架尺寸(A、B、C、D和IE)

具有压频比、无传感器矢量控制、闭环速度矢量控制和永磁电机控制选项，可满足各种应用

嵌入式EtherNet/IP端口支持无缝集成到Logix环境和EtherNet/IP网络

嵌入式DSI端口支持多台变频器联网，一个节点上最多可连接五台PowerFlex交流变频器

• 7点数字量输入(24V DC，6点可编程)
• 2路模拟量输入(1路双极性电压，1路电流)
• 2点数字量输出
• 1路模拟量输出(1路单极性电压或电流)
• 2个继电器(1个A型继电器及1个B型继电器，24V DC 120V AC、240V AC)

嵌入式安全断开扭矩有助于保护人员安全

图 4-17 PF525 网络通信接口实物图

4.5.2 任务实施

有关 RS-232/485 隔离串口模块 2080-SERIALISOL 的使用，请参阅模块 1 中相关知识点中的 "Micro800 功能性插件模块"。RJ45 头与正常的双绞线线序的对应情况为：蓝线对应接头的 4，蓝白线对应接头的 5；4 号接头连接 485 正端（+485），5 号接头连接 485 负端（-485）。连接完成后，需要设置 Micro850 PLC 控制器及变频器参数，然后对控制器进行编程，输出控制命令给变频器来控制电动机。

4.5.2.1 在 CCW 添加 2080-SERIALISOL 模块

首先设置控制器参数，将计算机与 Micro850 PLC 通过 USB 线连接起来，用 RSLinx Classic 中默认的 USB 协议实现计算机对 Micro850 的访问。然后右键单击添加模块处，选择 "2080-SERIALISOL" 模块，添加窗口如图 4-18 所示。

4.5.2.2 2080-SERIALISOL 模块配置

添加完成后，设置模块相应信息。由于控制器与变频器连接应用 Modbus 协议，

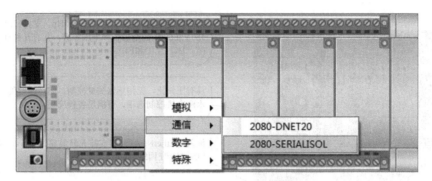

图 4-18　添加 2080-SERIALISOL 模块窗口

所以选择 "Modbus RTU" 驱动；控制器为主站，在最下面一个选项选择 "Modbus RTU Master"，波特率选择 "19200"，无奇偶校验，单位地址设置为 "1"。设置窗口如图 4-19 所示。

图 4-19　添加 2080-SERIALISOL 模块窗口

　　注意：设置完成 2080-SERIALISOL 模块信息后即可对 Micro850 PLC 控制器进行编程，无须组态变频器。设置变频器参数可通过控制面板进行，也可用以太网的连接方式，通过 CCW 中的变频器启动向导进行配置。

4.5.2.3　MSG 功能块

　　在 Modbus 通信中要用到的通信指令块为网络通信协议信息传输（MSG_MODBUS）指令，如图 4-20 所示。该功能块用于传送网络通信协议（Modbus）信息，例如读写目标设备的寄存器中的信息，其参数描述见表 4-8。MODBUSTARPARA 数据类型描述见表 4-9，MODBUSLOCPARA 数据类型描述见表 4-10，MSG_MODBUS 错误代码描述见表 4-11，PowerFlex 525 变频器的外设接口（DSI）支持部分 Modbus，其功能代码和命令见表 4-12。

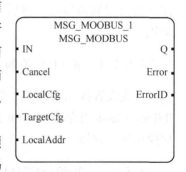

图 4-20　MSG_MODBUS 模块

表 4-8　MSG_MODBUS 模块参数描述

参数	参数类型	数据类型	描述
IN	Input	BOOL	如果是上升沿（IN 从假变为真），执行功能块
Cancel	Input	BOOL	真，取消执行功能块
LocalCfa	Input	MODBUSLOCPARA	确定结构化输入信息（本地设备）
TargetCfa	Input	MODBUSTSRPARA	确定结构化输入信息（目标设备）
LocalAddr	Input	MODBUSLOCADDR	确定本地存入或写出信息的地址（125 个字），MODBUSLOCADDR 数据类型是一个大小为 125 个字的数组，由读取命令来存储 Modbus 从站返回的数据（1~125 个字），并由写入命令来缓冲发送到 Modbus 从站的数据（1~125 个字）
Q	Output	BOOL	真，MSG 指令完成；假，指令未完成
Error	Output	BOOL	真，出现错误；假，无错误
ErrorID	Output	UINT	当信息传送错误时，显示错误代码，见 MSG MODBUS 错误代码

表 4-9　MODBUSTARPARA 数据类型描述

参数	数据类型	描述
Addr	UDINT	数据目标（1~65536）地址；传送后减 1
Node	USINT	默认从站节点号为 1。节点范围为（0~247）零是 Modbus 广播节点号，且当 Modbus 处于写命令时有效（如 5、6、15、16）

表 4-10　MODBUSLOCPARA 数据类型描述

参数	数据类型	描述
Channel	UINT	Micro800 PLC 串行端口号：2 代表本地串行端口，5~9 代表嵌入式串行端口；槽号范围从 1~5：5 代表槽 1，6 代表槽 2，7 代表槽 3（24 点的 Micro850 只有 3 个插槽），8 代表槽 4，9 代表槽 5
TriggerType	USINT	0：MSG 触发一次（IN 从假变为真） 1：MSG 持续触发，IN 为真，其他情况则保留
Cmd	USINT	MSG 指令的操作命令： 01：读取线圈状态；02：读取输入状态；03：读取保存寄存器；04：读取输入寄存器；05：写单一线圈；06：写单一寄存器；15：写多个线圈；16：写多个寄存器
ElementCnt	UINT	读写数据个数的限制： 对于读取线圈或开关量输入最多 2000bits，对于读寄存器最多 125words； 对于写线圈最多 1968bits，对于写寄存器最多 123words

表 4-11   MSG-MODBUS 错误代码描述

错误代码	描述	错误代码	描述
3	TriggerType 的类型已经非法改为 2~255	130	非法数据地址
20	本地通信设备与 MSG 指令不兼容	131	非法数据值
21	本地通道配置参数存在错误	132	从机连接失败
22	目标或本地节点大于最大允许的节点号	133	响应
33	存在一个损坏的 MSG 文件参数	134	从站忙
54	丢失调制接调设备信息	135	否定响应
55	本地处理器中信息传输超时，链接层超时	136	存储器奇偶校验错误
217	用户取消信息	137	非标准回应
129	非法函数	255	通道被关闭

表 4-12   Modbus 功能代码和命令

Modbus 功能代码（十进制）	命令	Modbus 功能代码（十进制）	命令
3	读寄存器	16	写多个寄存器
06	写单个寄存器		

4.5.2.4   PF525 变频器的 Modbus 网络通信

（1）创建 MSG_Modbus 功能块，建立所需的变量，在局部变量或者全局变量里都可以，如图 4-21 所示。

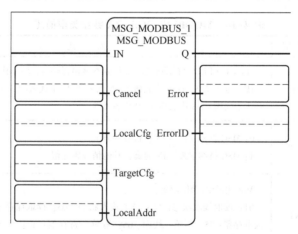

图 4-21   在 CCW 创建 MSG_MODBUS 模块

（2）在局部变量里添加 MSG_Modbus_1 的变量，如图 4-22 所示；MSG_Modbus_2、MSG_Modbus_3、MSG_Modbus_4 创建变量如图 4-23 所示。读取变频器逻辑状态 MSG 指令参数说明见表 4-13。

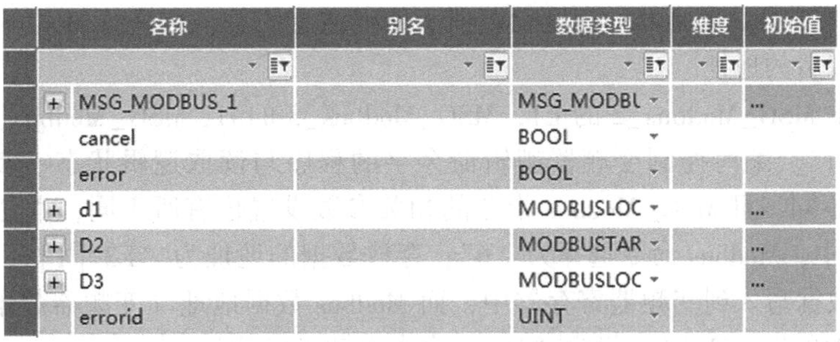

图 4-22　在局部变量里添加 MSG_Modbus_1 的变量

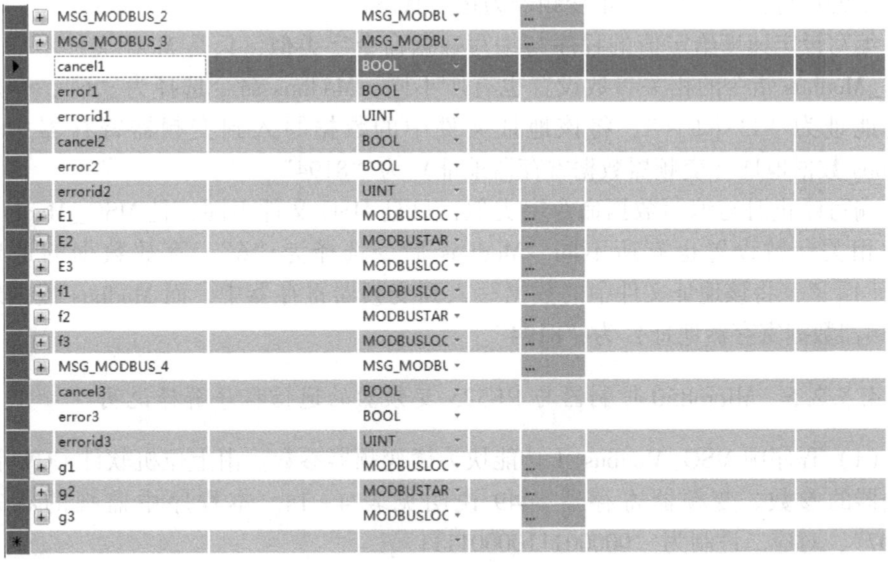

图 4-23　创建其他 MSG_Modbus 变量

表 4-13　读取变频器逻辑状态 MSG 指令参数说明

名称	作用	设定值
D1_lefg. Channel（通道）	选择通信端口	5
D1_lefg. Trigger Type（触发类型）	选择触发类型	0（上升沿触发）
D1_lefg. cmd（Modbus 命令）	选择信息功能	3（读取寄存器）
Dl_lcfg. ElementCnt（长度）	寻则读取的数据个数	4
Dl_ tefg. Addrs（Modbus 数据地址）（1-65535）	选择变频器的数据寄存器地址	8449（变频器内部定义）；100（在 A［104］通信节点地址中设定）
Dl_tcfg. Nodc（从节点地址）	选择变频器的节点地址	
D1_laddr［1］-D1_lsddr［4］（存放数据地址）	分别存放从 Modbus 地址 8449~8452 中读取的数据	

（3）相关参数设置。本任务中 MSG_Modbus_1 的 d1 设置为 "5034"；从 Modbus 地址 8449~8452 中读取的数据分别放到 D3［1］~D3［4］中，其中 8449 中存放的是变频器逻辑状态字，8450 中是变频器的错误代码，8451 是变频器的速度

参考值，8452 中是变频器的速度反馈值。值得注意的是，这里的 Modbus 地址都是偏移一位以后的地址。

　　任务中 MSG_Modbus_2 的 E1，MSG_Modbus_3 的 f1，MSG_Modbus_4 的 g1 设置为 "5061"。编写控制变频器逻辑命令字的程序与读取逻辑状态字类似，只是MSG 文件不同，且 MSG_Modbus 指令的相关参数设置也有所不同，本任务 MSG_Modbus_2 中，Modbus 命令选择为 "6"，存放数据的地址为 "E3 [1]"，将该地址文件中的数据写入到变频器寄存器中，而 Modbus 数据地址（变频器数据寄存器地址）为 "8193"，E3 [1] 设为 "18"，命令电动机启动并正转。

　　程序编写完成后，将变频器运行位设为 "1" 时变频器起动，且读取的状态反馈字中的运行位为 "1" 表示变频器为运行状态。

　　编写设定速度给定值的程序与编写数据命令字类似，只是 MSG 文件不同，且MSG_Modbus 指令的相关参数设置也有所不同。Modbus 命令选择为 "6"，存放数据的地址为 "f3 [1]"，将该地址文件中的数据写入到变频器寄存器中，而Modbus 数据地址（变频器数据寄存器地址）为 "8194"。

　　编写停止时与编写数据命令字类似，只是 MSG 文件不同，且 MSG_Modbus 指令的相关参数设置也有所不同。Modbus 命令选择为 "6"，存放数据的地址为"g3 [1]"，将该地址文件中的数据写入到变频器寄存器中，而 Modbus 数据地址（变频器数据寄存器地址）为 "8194"。

4.5.2.5　Micro850 控制器与 PF525 变频器的通信程序解释说明

　　（1）程序中 MSG_Modbus_1 功能块为读变频器参数。由上位机软件 CCW 读取变频器的参数。变频器寄存器 8449 说明见表 4-14。本程序中监视的状态为"1807"，对应二进制为 "0000011100001111"。

表 4-14　变频器寄存器 8449 说明

寄存器	相应位	说明
8449（逻辑状态字）	0	
	1	1：运行状态，0：没运行
	2	1：正转命令，0：反转命令
	3	1：正转状态，0：反转状态
	4	1：加速状态，0：非加速状态
	5	1：减速状态，0：非减速状态
	6	1：警告，0：无警告
	7	1：故障状态，0：非故障状态
	8	1：达到速度参考值，0：未达到速度参考值
	9	1：速度参考值由通信端口控制
	10	1：操作命令由通信端口控制
	11	1：参数处于馈定状态
	12	数字输入 1 状态
	13	数字输入 2 状态
	14, 15	未使用

（2）程序中 MSG_Modbus_2 功能块为写变频器参数，即逻辑命令。由上位机软件 CCW 向变频器写参数，启动停止等。变频器寄存器 8193（十进制）共 16 位，本程序设置的是"18"，转换成二进制为"0000000000010010"，其地址定义见表 4-15，即为电动机启动并正转。

表 4-15　Modbus 寄存器 8193 地址定义

寄存器地址（十进制）	相应位	说明
8193（逻辑命令字）	0	1：停止，0：不停止
	1	1：启动，0：不启动
	2	1：慢进，0：不慢进
	3	1：清除错误，0：不清除错误
	5，4	00：无命令设置，01：正转设置； 02：反转设置，11：无命令设置
	6，7	未使用
	9，8	00：无命令设置，01：使能加速度 1 10：使能加速度 2，11：保持所选加速度
	11，10	00：无命令设置，01：使能加速度 1 02：使能加速度 2，11：保持所选减速方式
	14，13，12	000：无命令设置
		001：频率源＝PO38［speed source］
		010：频率源＝A069［internal freq］
		011：频率源–通信（地址 8193）
		100：A070–［preset freq o］
		101：A071–［preset freq 1］
		110：A071＝［preset freq 2］
		111：A073＝［preset freq 3］
	15	1：MOP 减少，0：不减少

（3）程序中 MSG_Modbus_3 功能块为写变频器参数，即速度给定。由上位机软件 CCW 向变频器写参数，频率 Hz 等。变频器寄存器为 8194，本程序中设置为"500"，即 500＊0.01＝5Hz，见表 4-16。表 4-17 为寄存器 8452 说明。

表 4-16　寄存器 8194 说明

8194（速度给定值）	十进制频率输入值（注意：对于 PowerFlex4、4M&40，十进制数中包含 1 个已固定的小数点。例如输入十进制数 100 表示设置频率为 10.0Hz。对于 PowerFlex400 和 PowerFlex525，十进制数中包含 2 个已固定的小数点，例如输入十进制数 100 表示设置频率为 1.0Hz）

表 4-17　寄存器 8452 说明

8452（速度反馈值）	十进制频率反馈值（注意：对于 PowerFlex4、4M&40，十进制数中包含 1 个已固定的小数点。例如输入十进制数 100 表示设置频率 10.0Hz；对于 PwerFlex400、525，十进制数中包含 2 个已固定的小数点，例如输入十进制 100 表示设置频率为 1.0Hz）

（4）程序中 MSG_Modbus_4 功能块为写变频器参数，即停止。由上位机软件 CCW 向变频器写参数，本程序写的是"1"，二进制为"0000000000000001"，对应表 4-15 中变频器停止。

4.5.2.6　变频器参数说明

A　参数设置

变频器相关参数设置见表 4-18。

表 4-18　变频器相关参数设置

参数	参数名称	设置
P046	启动源	3＝"Serial/DSI"（串口或外设接口）
P047	速度参考频率	3＝"SerialDSr"（串口或外设接口）
C123	通信数据速率	4＝19.2k
C124	通信节点地址	100
C127	通信格式	0＝RTU 8-N-1

B　报警处理

在调试的过程中变频器会出现报警，显示器会出现"F81"，其故障描述见表 4-19。解决办法，将变频器的 C125 设置为"3"，解释如图 4-24 所示。

表 4-19　"F81"故障说明

编号	故障	类型	描述	措施
F081	DSI 通信丢失	2	变频器与 Modbus 或 DSI 主站设备之间的通信中断	循环上电； 检查通信电缆； 检查 Modbus 或 DSI 设置； 检查 Modbus 或 DSI 状态； 使用（125）[通信丢失操作] 进行修改； 将 IO 端子 C1 和 C2 连接到接地端可提高抗扰度； 更换接线、Modbus 主站设备或控制模块
F082	Opt 通信丢失	2	变频器与网络选件卡之间的通信中断	循环上电； 将选件卡重新安装到变频器中； 使用（125）[通信丢失操作] 进行修改； 更换接线，端口扩展器、选件卡或控制模块

4.5.2.7　其他程序参考

（1）创建 MSG_Modbus 功能块，并分别创建功能块所需要的变量，如图 4-25 所示。

（2）读取变频器逻辑状态字的程序参数设置，如图 4-26 所示。从 Modbus 地址 8449~8452 中读取的数据分别放到 D1_laddr [1]~D1_laddr [4] 中，其中"8449"中存放的是变频器逻辑状态字，"8450"中是变频器错误代码，"8451"中是变频器速度参考值，"8452"中是变频器速度反馈值。

C125　[通信丢失操作]　　　　　　　　　　　　　　　　　　　　　　　　　　　　　相关参数：<u>P045</u>
设置连接丢失时或 RS485 端口发生大量通信错误时变频器的响应

选项	0	"故障"（默认）	
	1	"惯性停止"	通过"惯性停机"停止变频器
	2	"停止"	通过 <u>P045</u>[停止模式] 设置停止变频器
	3	"继续最后一个"	变频器继续以 RAM 中保存的通信给定速度进行操作

C126　[通信丢失时间]　　　　　　　　　　　　　　　　　　　　　　　　　　　　　相关参数：<u>C125</u>
设置变频器采取 <u>C125</u>[通信丢失操作] 中指定的操作之前保持 RS485 端口通信丢失状态的时间

重要事项　　该设置仅在控制变频器的 I/O 通过 RS485 端口进行传输时有效

值	默认值	5.0 s
	最小值 / 最大值	0.1s/60.0 s
	显示值	0.1 s

图 4-24　C125 参数解释

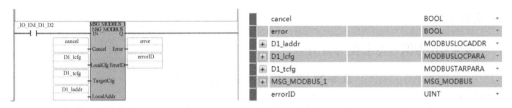

图 4-25　创建功能块

□	D1_lcfg		MODBUSLOCPARA ▾		...	...
		D1_lcfg.Channel	UINT			5
		D1_lcfg.Trigger	USINT			0
		D1_lcfg.Cmd	USINT			3
		D1_lcfg.Element	UINT			4
□	D1_tcfg		MODBUSTARPARA ▾		...	...
		D1_tcfg.Addr	UDINT			8449
		D1_tcfg.Node	USINT			100
⊞	MSG_MODBUS_1		MSG_MODBUS ▾		...	

图 4-26　读取变频器逻辑状态字

（3）控制变频器逻辑命令字的参数设置，如图 4-27 所示。D1＿laddr 设为
"18"，命令电动机启动并正转。

□	D1_lcfg		MODBUSLOCPARA ▾		...	...
		D1_lcfg.Channel	UINT			5
		D1_lcfg.Trigger	USINT			0
		D1_lcfg.Cmd	USINT			6
		D1_lcfg.Element	UINT			1
□	D1_tcfg		MODBUSTARPARA ▾		...	...
		D1_tcfg.Addr	UDINT			8193
		D1_tcfg.Node	USINT			100
⊞	MSG_MODBUS_1		MSG_MODBUS ▾		...	

图 4-27　控制变频器逻辑命令字

（4）设定速度给定值的参数设置，如图 4-28 所示。存放数据的地址为"D1_laddr［1］"，将该地址文件中的数据写到变频器寄存器中，其中"D1_laddr［1］"中的"500"代表实际的 5Hz。

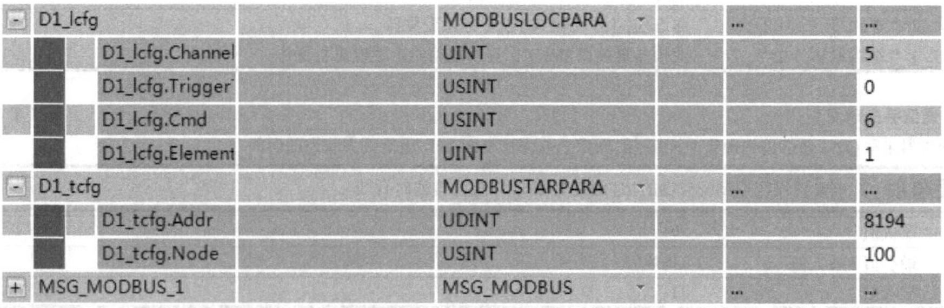

D1_lcfg		MODBUSLOCPARA	...	...
	D1_lcfg.Channel	UINT		5
	D1_lcfg.Trigger	USINT		0
	D1_lcfg.Cmd	USINT		6
	D1_lcfg.Element	UINT		1
D1_tcfg		MODBUSTARPARA	...	...
	D1_tcfg.Addr	UDINT		8194
	D1_tcfg.Node	USINT		100
MSG_MODBUS_1		MSG_MODBUS	...	...

图 4-28　设定速度给定值

➤ 任务评价

表 4-20 为课程专业能力评分表。

表 4-20　"××"课程专业能力评分表

模块名称：_____

班级：_____　小组：_____　完成成员：_____

序号	主要内容	考核要求	评分标准	配分	扣分	得分
1	变频器参数设置	熟悉变频器面板及参数设置流程；简单的运行调试	（1）变频器复位； （2）参数设置，启动、停止、正转、反转及面板旋钮操作	20		
2	程序输入及调试	熟练操作软件及实训平台相关设备，能将正确程序录入、程序下载及上传；按任务进行模拟调试，达到设计要求	（1）不会 CCW 软件操作或者不够熟练，扣 10 分； （2）不会使用平台按钮、电源及指示灯，扣 10 分； （3）模拟调试功能不全，扣 10 分； （4）指令输入不正确，每处扣 5 分	30		
3	PLC 与变频器外部接线图	（1）变频器控制电路设计； （2）PLC 与变频器外部接线图绘制	（1）电路图功能不完整、不规范每处扣 5 分，电路图不会设计扣 30 分； （2）变频器 I/O 端口与 PLC 端口接线错误，每处扣 5 分，不会绘制扣 30 分	30		
4	课题试验检验	在保证人身和设备安全，以及操作规范的前提下，通电试验一次成功	（1）操作调试不规范，每次扣 5 分； （2）一次调试不成功，扣 10 分； （3）二次调试不成功，扣 20 分	20		

续表 4-20

序号	主要内容	考核要求	评分标准	配分	扣分	得分
5	"6S"管理制度	（1）安全文明生产； （2）自觉在实训过程中融入"6S"管理理念； （3）有组织，有纪律，守时诚信	（1）违反安全文明生产规程，扣 5~40 分； （2）乱线敷设，加扣不安全分，扣 10 分； （3）工位不整理或整理不到位，酌情扣 10~20 分； （4）随意走动，无所事事，不刻苦钻研，酌情扣 5~10 分； （5）不思进取，无理取闹，违反安规，取消实训资格，当天实训课题 0 分	倒扣分		
6	课堂异常情况记录					
备注			合计	100		

额定时间 120min	开始时间			结束时间		考评员或任课教师签字		年　月　日

➤ **相关知识点**

一、PowerFlex525 交流变频器

（一）PowerFlex525 交流变频器概述

微课—AB-PowerFlex525 变频器介绍

PowerFlex525（以下简称"PF525"）是罗克韦尔公司的新一代交流变频器产品。它将各种电动机控制选项、通信、节能和标准安全特性组合在一个高性价比变频器中，适用于从单机到简单系统集成的多种系统的各类应用。PF525 交流变频器非常适合具有更多电动机控制选项、标准安全功能和 EtherNet/IP 通信需求的联网机器。

（1）可无缝集成到 Logix 控制架构中，并且具备自动设备配置功能。

（2）内置适用于 EtherNet/IP 和安全扭矩断开的标准单端口。

（3）配置工具简单易用。

（4）灵活的电动机控制和安装选项。

（5）功率范围 0.4~22kW/（0.5~30HP），满足全球 100~600V 的不同电压等级要求。

（6）配置和编程：多语言 LCD 人机界面模块（HIM），CCW 软件，Studio 5000 Logix Designer。

（7）安全：内置硬接线安全扭矩断开。

（8）通信：内置 EtherNet/IP 端口；可选双端口 EtherNet/IP 卡；内置 DSI 端口支持多台变频器联网，一个节点上最多可连接五台 PowerFlex 交流变频器。

（9）可承受高达 50℃（122℉）的环境温度，具备电流降额特性和控制模块风

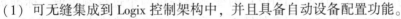

扇套件，工作温度最高可达 70℃（158℉）。

（10）电机控制范围广，包括压频比、无传感器矢量控制、闭环速度矢量控制和永磁电机控制。

（二）PF525 系列交流变频器特性模块化设计

（1）可拆卸式控制模块和电源模块，可以边配置边安装，如图 4-29（a）所示。

（2）各型号变频器整个功率范围内的所有产品均采用标准控制模块。

（3）MainsFree™配置允许使用标准 USB 电缆，简化了控制模块与 PC 之间的连接，可快速上传、下载和更新变频器的新设置，如图 4-29（b）所示。

（4）支持附件卡，不会增加占用空间（PF523 变频器支持一个，PF525 变频器支持两个）。

(a)　　　　　　　　　　　　　　(b)

图 4-29　模块化设计

（三）优化性能

（1）在不接地配电系统中，可拆卸的 MOV 接地能够确保安全无故障运行。

（2）预充电继电器可抑制浪涌电流。

（3）所有级别型号均采用集成的制动晶体管，以简单、低成本的制动电阻提供动态制动功能。

（4）采用跳线切换 24V DC 灌入式或拉出式控制，实现灵活的控制接线。

（5）为功率大于 11kW（15HP）的变频器提供两个过载额定值。标准负载：110%过载持续 60s，或 150%过载持续 3s；重载：150%过载持续 60s，或 180%过载（可设为 200%）持续 3s，提供强大的过载保护能力。

（6）可调节 PWM 频率高达 16kHz，确保安静运行。

（四）PF525 变频器硬件系统

PF525 参数说明如图 4-30 所示。

二、PF525 变频器的硬件接线

（一）I/O 接线

（1）2 路模拟量输入（两路单极性），分别与其余变频器 I/O 隔离。

（2）5 路数字量输入（四路可编程），提供应用多样性。

（3）1 路继电器输出（C 型），可用于指示各种变频器、电动机或逻辑状态。

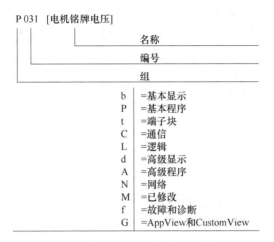

图 4-30 PF525 参数说明

（4）2 路模拟量输入（一路单极性、一路双极性），分别与其余变频器 I/O 隔离，这些输入可通过数字量输入进行切换。

（5）7 路数字量输入（六路可编程），提供应用多样性。

（6）1 路模拟量输出，通过跳线选择 0~10V 或 0~20mA。它可扩展 10 位输出，用于计量或作为另一台变频器的速度基准值。

（7）2 路光电耦合输出和 2 路继电器输出（一路 A 型、一路 B 型），可用于指示各种变频器、电动机或逻辑状态。

（二）PF525 变频器的键盘操作

C128~C132 是调节变频器的 IP 地址。例如，设变频器 IP 地址为 192.168.1.110，则 C128~C132 依次应该调为 1、192、168、1、110。P046、P047 分别设置为 5、15 时变频器变为远程操控 P046、P047 设置为 "1" 的面板操作。

（三）PF525 的 Moudbus 网络通信

（1）借助嵌入式 EtherNet/IP™端口，可通过网络方便地配置、控制和收集变频器数据（仅限 PF525 变频器）。

（2）双端口 EtherNet/IP 选件卡支持设备级环网（DLR）拓扑结构，提供容错连接，可实现最优的变频器适用性。

（3）集成 RS485/DSI 通信，使得变频器可用于多分支网络结构。

（4）DeviceNet™、PROFIBUS DP™等可选通信卡能够提升机器性能。

（5）使用 RSNetWorx™在线创建 EDS 文件，令网络上的设置轻松快捷。

（6）针对公共直流母线安装进行优化，增强对内部预充电的控制公共直流母线，利用母线上的所有变频器负载来吸收能量，以提供附加的内部开断能力，从而有助于提高效率和节约成本。PF520 系列变频器已针对公共直流母线或共享直流母线安装进行了优化。

（7）通过数字量输入实现可配置的预充电控制。

（8）直流母线直接连接到电源端子块。

（9）增强型跨越能力，可在低至 1/2 线电压的水平下运行。

（10）PF525 系列变频器允许选择 1/2 直流母线运行，这样在关键应用中，即使出现欠压或低电压情况，仍可继续保持变频器输出。PF525 系列变频器还支持增强型惯性跨越，可进一步缓解低电压情况。

1）可选择 1/2 线电压运行。

2）增强掉电跨越能力。

➤ **思考与练习**

（1）PowerFlex525 功率额定值涵盖_____，电压等级_____，可承受高达_____的环境温度。

（2）在实训过程中，通过 EtherNet 进行变频器的控制时，需要将 P046 设置为_____，P047 设置为_____。

（3）PowerFlex525 变频器同样可以通过 RS-485 进行通信，两者在参数设置方面有何不同？

（4）学习变频器外部接线方式，掌握"三线制"及"两线制"的区别。

（5）通过参考相关课外资料，比较 PowerFlex525、PowerFlex523、PowerFlex4M 变频器有哪些优缺点？

（6）比较变频器控制与传统电动机变级调速控制的优点和改造中注意事项。

（7）变频器在电气控制改造设计中应注意哪些问题？

（8）PowerFlex525 变频器与 PLC 实现多段速控制：

1）变频器加速，（0 → 20 → 25 → 30 → 35 → 40 → 45 → 50）时间为 2s；

2）变频器减速，（50 → 45 → 40 → 35 → 30 → 25 → 20 → 0）时间为 2s。

（9）某纺纱设备电气控制系统使用 PLC 和变频器，控制要求如下：

1）为了防止启动时断纱，要求启动过程平稳。

2）纱线到预定长度时停车。使用霍尔传感器将输出纱线机轴的旋转圈数转换成高速脉冲信号，送入 PLC 进行计数，达到定长值（实际为 70000 转）后自动停车。

3）在纺纱过程中，随着纱线在纱管上的卷绕，纱管直径逐步增粗。为了保证纱线张力均匀，卷绕电动机将逐步降速。

4）中途停车后再次开车，应保持停车前的速度状态。

当机轴旋转、磁钢经过霍尔传感器时，产生脉冲信号送入输入点。由于机轴转速每分钟高达上千转，可使用控制器的高速计数器进行脉冲信号计数，具体控制要求见表 4-21。

表 4-21　控制要求

输　入			输出控制变频器	
输入继电器	输入元件	作用	输出继电器	变频器
DI-0	霍尔传感器	输入传感器信号	DO-0	RH，调速控制 1
DI-1	SB1 常开触点	启动	DO-1	RM，调速控制 2
DI-2	SB2 常闭触点	停止	DO-2	RL，调速控制 3
			DO-3	STF，正转控制

（10）实现 B2012A 龙门刨床变频器控制，具体要求：

1）系统变频器改造设计涉及哪些电气设备元件和设备？

2）变频器如何选择，参数如何设置？

3）PLC 输入、输出点数的确定、PLC 型号的确定。

4）I/O 如何进行分配，画出 PLC 接线图。

5）设计 PLC 梯形图。

6）变频器-PLC 模拟联调。

龙门刨床是机械工业的主要工作母机之一，在工业生产中占有重要的位置，主要用来加工各种大型机座及骨架零件，如箱体、床身、横梁、立柱、导轨等，如图 4-31 所示。

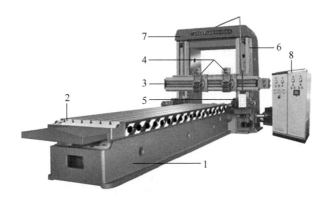

图 4-31　B2012A 龙门刨床结构示意图

1—底座；2—工作台；3—横梁；4—主刀架；5—侧刀架；6，7—顶梁；8—电控柜

通过查阅相关资料分析 B2012A 龙门刨床电气控制图相关控制原理，确定各电动机、接触器、电磁阀、指示灯等输出元件的控制要求。B2012A 龙门刨床电气部分主要由刀架控制、横梁控制、工作台控制电路、抬刀控制等电气线路构成。本任务的重点是对工作台电路进行变频器改造设计，速度控制时序如图 4-32 所示。

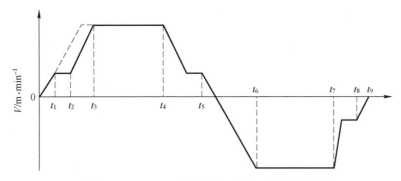

图 4-32　B2012A 龙门刨床工作台速度控制图

$0\sim t_1$—工作台前进起动阶段；$t_1\sim t_2$—刀具慢速切入阶段；$t_2\sim t_3$—加速至稳定工作速度阶段；

$t_3\sim t_4$—稳定工作速度阶段；$t_4\sim t_5$—减速刀具退出工件阶段；$t_5\sim t_6$—制动到后退起动阶段；

$t_6\sim t_7$—后退稳定速度阶段；$t_7\sim t_8$—后退减速阶段；$t_8\sim t_9$—后退制动阶段

工作台控制电路中，有步进、步退、前进、后退、减速、换向等环节，主要是减小切入工件时刀具承受的冲击。某些脆性材料，在刀具高速切出时工件的边缘容易产生崩裂，高速反向前先减速后反向，减小高速反向时的越位。

（11）用变频器-PLC结合模拟量相关知识，进行农业温室大棚控制系统设计。查阅相关资料结合当下智能控制背景，试阐述生产工艺流程，结合结构框图完成系统的综合设计。

模块 5　Micro850 控制器的通信

- **知识目标**

  （1）了解 Micro850 控制器网络通信形式及特点。

  （2）了解 Micro850 控制器的网络结构。

  （3）掌握 Micro850 控制器通信指令。

- **技能目标**

  （1）能正确配置网络参数进行网络通信。

  （2）能够对 Micro850 控制器硬件进行升级。

  （3）能够实现 Micro850 控制器与三菱 PLC 之间的数据传输。

- **思政引导**

　　20 世纪 50 年代中期，以毛泽东同志为核心的第一代党中央领导集体，根据当时的国际形势，为了保卫国家安全、维护世界和平，高瞻远瞩，果断地作出了独立自主研制"两弹一星"的战略决策。大批优秀的科技工作者，包括许多在国外已经有杰出成就的科学家，以身许国，怀着对新中国的满腔热爱，响应党和国家的号召，义无反顾地投身到这一神圣而伟大的事业中，他们和参与"两弹一星"研制工作的广大干部、工人、解放军指战员一起，在当时国家经济、技术基础薄弱和工作条件十分艰苦的情况下，自力更生，发奋图强，用较少的投入和较短的时间，突破了核弹、导弹和人造卫星等尖端技术，取得了举世瞩目的辉煌成就。

　　"两弹一星"事业的巨大成功，依靠党中央的英明决策和各方面的有力支持，是社会主义制度能够"集中力量办大事"优势的生动体现。但是，我们所拥有的一切优势和条件，都要通过参与这一事业的所有人员来实现。"两弹一星"功臣们的作用极其重要，他们的业绩彪炳史册，他们的精神光耀千古，永远是我们学习的榜样，我们要学习他们的爱国主义精神。他们中的许多人都在国外学有所成，拥有优越的科研和生活条件，为了投身于新中国的建设事业，冲破重重障碍和阻力，毅然回到祖国。几十年中，他们为了祖国和人民的最高利益，默默无闻，艰苦奋斗，以其惊人的智慧和高昂的爱国主义精神创造着人间奇迹。"中华民族不欺侮别人，也绝不受别人欺侮"，是他们坚定的信念。爱国主义是他们创造、开拓的动力，也是他们克服一切困难的精神支柱。

　　我们要学习他们艰苦奋斗、无私奉献的精神。正是有了这样的精神，他们不怕狂风飞沙，不惧严寒酷暑，没有条件，创造条件；没有仪器，自己制造；缺少资料，刻苦钻研。就是这样，从无到有、从小到大，他们创造出了"两弹一星"的惊人伟绩。

任务 5.1　Micro850 控制器之间的通信

5.1.1　任务描述

　　Micro850 控制器之间的通信采用它自带的嵌入式以太网接口，两个 Micro850 控制器均接到工业以太网交换机上，控制器通过 MSG_CIPSYMBOLIC 指令将数据发送到另一个控制器的全局变量标签中。设发送方控制器为 A，A 的 IP 地址为 192.168.1.11，接收方控制器为 B，IP 地址为 192.168.1.60。系统接线如图 5-1 所示。

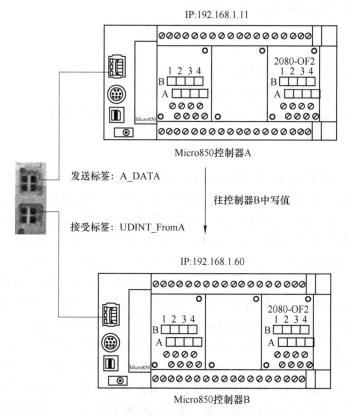

图 5-1　系统接线图

5.1.2　任务实施

5.1.2.1　设计流程

　　(1) 实训步骤如下。

　　1) 创建 Micro850 控制器 A 的变量及程序。

　　①创建发送方变量。创建发送方发送数据变量，该变量为 UDINT 类型。再创建一个拥有 4 个元素的一维数组 A _DATA，将其维数 (Dimension) 设置为 [1...4]。

②添加 COP 功能块。MSG-SYMBOLIC 指令是按位传输的，该功能块使用的发送寄存器是一个 USINT 类型的数组，USINT 为 8 位。如果想传输一个 32 位的数据，如 UDINT，那么需要先将 UDINT 的数据分成 4 个 8 位的 USINT 数据。因此，需要使用到 COP 功能块，将要写到控制器 B 中的 32 位数据（这里为 ValueToWrite）存放到一个有 4 种元素的一维数组（这里为 A_DATA）中，再将该数组通过 MSG 指令发送出去。

视频—通信
模拟实验

视频—数据
交互 1

添加一个 UINT 类型的变量 COPsts，将其维数（Dimension）设置为 "［1… 1］"。该变量用来表示 COP 功能块的状态。添加一个 COP 功能块，创建其相应的变量并设置初始值，如图 5-2 所示。该功能块的作用是将 ValueToWrite 的值以二进制流的方式存放到 A_DATA 数组中，即 A_DATA［1］存储 "ValueToWrite" 写成二进制流的前 8 位，A_DATA［4］存储 "ValueToWrite" 数据的最后 8 位。

视频—数据
交互 2

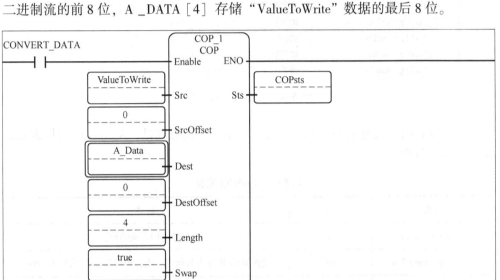

图 5-2　COP 功能块变量及初始值设置

视频—
Studio5000
激活教程

③创建等值功能块。如图 5-3 所示添加一个比较指令和一个线圈。如果数据类型转换成功，则 COPsts 置 "1"，WriteValue 也会置 "1"，表示可以使用 MSG 指令发送该数据。

图 5-3　创建等值功能块

④创建 MSG SYMBOLIC 功能块。在梯形图中添加一个 MSG_CIPSYMBOLIC 功能块并创建该结构体相应的变量。添加 A_CtrlCfg 变量、A_symCfg 变量和 A_TarCfg 变量并赋初始值，如图 5-4 所示。

⊟ A_CtrlCfg		CIPCONTROLCFG ▾	...	...
	A_CtrlCfg.Cancel	BOOL		
	A_CtrlCfg.Trigge	UDINT	300	
	A_CtrlCfg.StrMod	USINT		
⊟ A_symCfg		CIPSYMBOLICCF ▾	...	...
	A_symCfg.Service	USINT	1	
	A_symCfg.Symbol	STRING	'UDINT_FromA'	
	A_symCfg.Count	UINT		
	A_symCfg.DataTyp	USINT	200	
	A_symCfg.Offset	USINT		
⊟ A_TarCfg		CIPTARGETCFG ▾	...	...
	A_TarCfg.Path	STRING	'4,192.168.1.60'	
	A_TarCfg.CipConr	USINT	1	
	A_TarCfg.UcmmTim	UDINT	0	
	A_TarCfg.ConnMsg	UDINT	0	
	A_TarCfg.ConnClc	BOOL		

图 5-4　变量及参数设置

　　各个变量的含义见表 5-1 和表 5-2。这里需要注意的是，A_TarCfg 变量需要添加在全局变量中。

表 5-1　CtrlCfg 变量

参数	值	描述
A_CtrlCfg.Cancel	无	取消该功能块的执行
A_CtrlCfg.TnggerType	300	设置 MSG 指令多久触发一次，单位为 ms，这里为 300ms
A_CtrlCfg.StrMode	无	保留

表 5-2　SymCfg 变量

参数	值	描述
A_SymCfg.Service	1	该模块的功能位，0 为读数据，1 为写数据
A_SymCfg.Symbol	'UDINT_FromA'	从目标控制器哪个标签中读数据/往目标控制器哪个标签中写数据，这里表示将数据写到目标控制器中名为 UDINT_FromA 的标签中
A_SymCfg.Count	无	读/写的变量个数，有效值为 1~490，这里为 0，将会自动表示为 1
A_SymCfg.DataType	200	读/写的标签数据类型，"200"表示 UDINT，其他类型可以查看帮助
A_SymCfg.Offset	无	保留以后使用

　　添加 TargetCfg 变量并赋初始值，见表 5-3。

表 5-3 TargetCfg 变量

参数	值	描述
A_TarCfg.Path	'4，192.168.1.60'	到达目标器件的路径，这里控制器 A 需要先通过该控制器上的 Port（Micro850 嵌入式以太网口），因此先是"4"，再通过"192.168.1.60"找到目标控制器，因此格式设置为 '4，192.168.1.60'
A_TarCfg.IPConnMode	1	CIP 连接模式位，该位置"1"表示优先选择 CIP 连接
A_TarCfg.UcmmTimeout	0	未建立连接的响应时间
A_TarCfg.ConnMsgTimeout	0	建立连接的响应时间
A_TarCfg.ConnClose	无	连接关闭模式，置"1"为信息发送完毕则关闭连接，置"0"为信息发送完毕不关闭连接

创建的 MSG 功能块如图 5-5 所示。

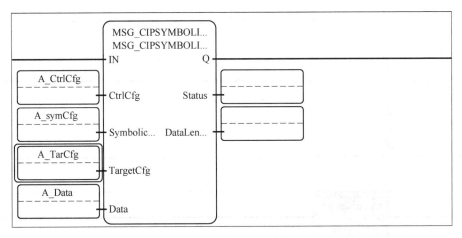

图 5-5 创建的 MSG 功能块

2）在 Micro850 控制器 B 中创建变量及设置如下。

①设置目标控制器的 IP 地址，设置控制器 B 的 IP 地址如下：

IP Address：192.168.1.60；

Subnet Mask：255.255.255.0；

Gateway Address：192.168.1.1。

②创建 Micro850 控制器 B 的接收全局变量。在控制器 B 的全局变量中创建 UDINT_FromA，数据类型为 UDINT。

3）查看测试结果。将控制器 A、B 程序编译、下载和调试。对于控制器 A，将 ValueToWrite 值设置为"987654321"，激活 CONWERT_DATA 变量后，程序运行如图 5-6 所示。可以看到 A _Data［1］的值为"177"，A _Data［2］的值为"104"，A _Data［3］的值为"222"，A _Data［4］的值为"58"，将这些数字组合起来就是 987654321 的二进制数。

（2）按照系统接线图进行 Micro850 控制器的外部接线。

（3）将编写好的程序录入到 CCW 编程软件，并进行程序的下载及运行。

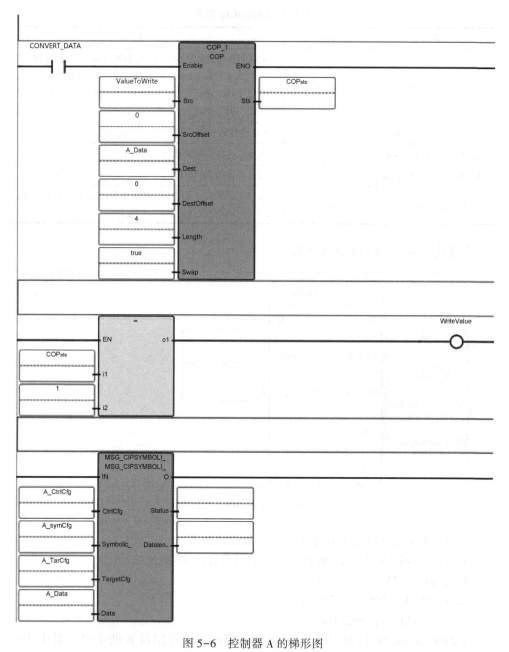

图 5-6 控制器 A 的梯形图

（4）根据任务要求对程序进行通信调试。

（5）完成模块的任务评价。

5.1.2.2 参考案例

在一台被读取的 PLC 中建立一个 TON 模块将时间设为 100s，它和一个 ANY_TO_REAL 模块将 TON 的 ET 量转移到 REAL 型量 ABCD 中。要注意，ABCD 变量要建立在全局变量处，如图 5-7 所示。

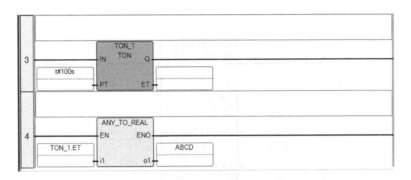

图 5-7　被读取 PLC 的程序

　　建立 COP 和 MSG_CIPSYMBOLIC 模块，COP 模块的作用是把分散传输过来的
USINT 数据合成 REAL 型数据。COP 模块第一行的 Src 写入"A"，这里其维度处写
入"［1..4］"。Dest 处填写"DCBA"，其变量类型为 REAL 型。SrcOffset 处填写
"0"，Length 处填写"4"，最后在 Swap 处填写"true"即可，如图 5-8 所示。

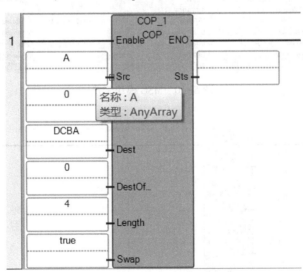

图 5-8　COP 模块的设置

　　MSG_ CIPSYMBOLIC 模块也要变为读取变量的模式，TriggerType 填写 300。
Service 处填写 0 设置为读取模式。Symbol 填写'ABCD'。DataType 填写 202 为读取
REAL 变量型模式。Path 目标 PLC 的路径为'4, 192. 168. 1. 101'。CIPConnMode 处
填写 1，UcmmTimeout 处填写 0，ConnMsgTimeout 处填写 0。设置完成后如图 5-9 和
图 5-10 所示。
　　编辑完成后下载程序运行，便可读取对方 PLC 中 ton 模块的 ET 数据，读取
PLC 梯形图如图 5-11 所示，被读取 PLC 梯形图如图 5-12 所示。

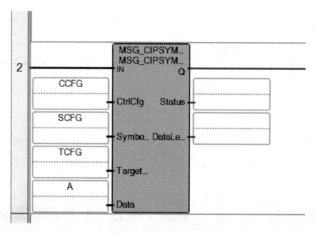

图 5-9 MSG 模块

⊟ CCFG			CIPCONTF ▾	...	...	
	CCFG.Cancel		BOOL			Abort the execution of m
	CCFG.TriggerType		UDINT		300	0 - Trigger once, n - Cycli
	CCFG.StrMode		USINT			reserved parameter
⊟ SCFG			CIPSYMBC ▾	...	...	
	SCFG.Service		USINT		0	0 - Read, 1 - Write
	SCFG.Symbol		STRING		'ABCD'	Symbol name to read / w 80
	SCFG.Count		UINT			Num of variables to read,
	SCFG.DataType		USINT		202	Symbol data type
	SCFG.Offset		USINT			Byte offset of variable to
⊟ TCFG			CIPTARGE ▾	...	...	
	TCFG.Path		STRING		'4,192.168.1.101'	CIP destination path	80
	TCFG.CipConnMode		USINT		1	0 - Unconnected, 1 - Clas
	TCFG.UcmmTimeout		UDINT		0	Unconnected message ti
	TCFG.ConnMsgTimeout		UDINT		0	Connected message time
	TCFG.ConnClose		BOOL			TRUE: Close CIP connecti

图 5-10 MSG 模块变量

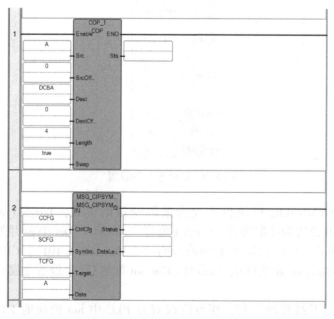

图 5-11 读取数据的 PLC 梯形图

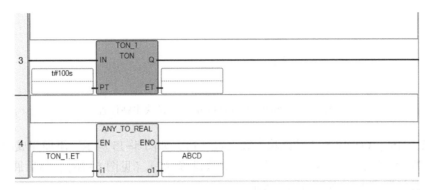

图 5-12　被读取数据的 PLC 梯形图

5.1.2.3　两台 Micro850 PLC 的 Modbus 通信

利用两个 2080-SERIALISOL 扩展模块进行连接通信（备注：本实训中所有参数项在全局变量中添加），接线图如图 5-13 所示。

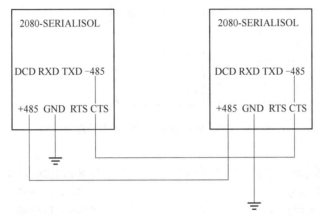

图 5-13　Micro850 Modbus 通信外部接线图

A　主站写给从站任务

a　主站设置

（1）2080-SERIALISOL 扩展模块主站设置，如图 5-14 所示。

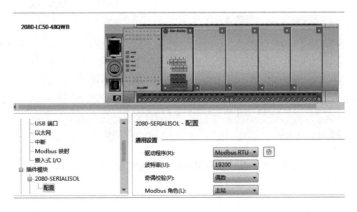

协议控制
介质(M):
RS485
数据位:
8
停止位(S):
1

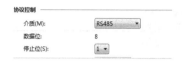

图 5-14　2080-SERIALISOL 扩展模块主站设置

（2）MSG_MODBUS_1 功能块参数设置（1），如图 5-15 所示。添加完成图 5-15 中的参数设置后，进入全局变量中添加参数设置（2）（见图 5-16），然后展开各项进行参数设置（3），如图 5-17 所示。

MSG_MODBUS_1
MSG_MODBUS
IN
Q
CANCEL
Cancel
Error
ERROR
D1_lcfg
LocalCfg
ErrorID
ERRORID
D1_tcfg
TargetCfg
D1_laddr
LocalAddr

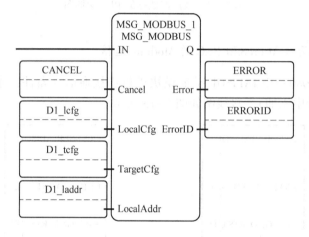

图 5-15　MSG_MODBUS_1 功能块参数设置（1）

D1_laddr
MODBUSLOCADDR
D1_lcfg
MODBUSLOCPARA
D1_tcfg
MODBUSTARPARA
MSG_MODBUS_1
MSG_MODBUS
CANCEL
BOOL

图 5-16　MSG_MODBUS_1 功能块参数设置（2）

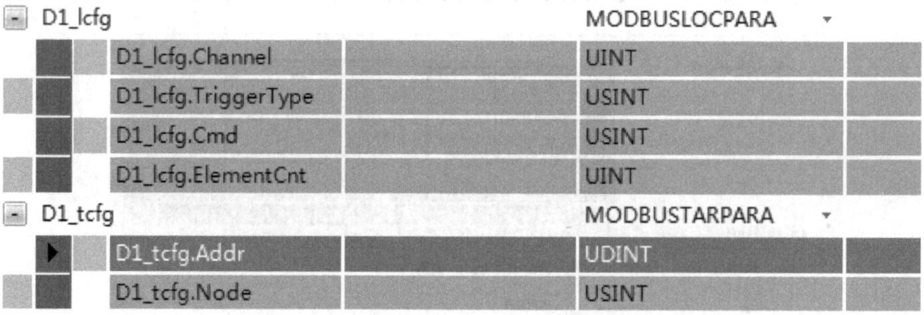

D1_lcfg
MODBUSLOCPARA
D1_lcfg.Channel
UINT
D1_lcfg.TriggerType
USINT
D1_lcfg.Cmd
USINT
D1_lcfg.ElementCnt
UINT
D1_tcfg
MODBUSTARPARA
D1_tcfg.Addr
UDINT
D1_tcfg.Node
USINT

图 5-17　MSG_MODBUS_1 功能块参数设置（3）

b　参数解释

（1）Channel。Channel 参数代表设置 PLC 的串行端口号（该实例设置为 5）：插槽 1 为 5，插槽 2 为 6，插槽 3 为 7，插槽 4 为 8，插槽 5 为 9。

（2）TriggerType。TriggerType 设置如下（该实例中设置为 1）：0：触发一次 Msg（当 IN 从 False 转为 True 时）；1：当 IN 为 True 时，连续触发 Msg；其他值：保留。

（3）Cmd。Cmd 设置如下（这里是主站写给从站的实例，故设置为 15）：01：读取线圈状态（0xxxx）；02：读取输入状态（1xxxx）；03：读取保持寄存器（4xxxx）；04：读取输入寄存器（3xxxx）；05：写入单个线圈（0xxxx）；06：写入单个寄存器（4xxxx）；15：写入多个线圈（0xxxx）；16：写入多个寄存器（4xxxx）。

（4）ElementCnt。ElementCnt 设置如下（读写个数几个则填几个，该实例设置为 3，表示写 3 个数据给从站）：对于读取线圈/离散输入：2000 位；对于读取寄存器：125 个字；对于写入线圈：1968 位；对于写入寄存器：123 个字。

（5）Addr。Addr 设置：设置数据地址，这里设置成 100，对应从站 MODBUS 映射地址后面介绍。

（6）Node。Node 设置：设置从站地址，请务必对应从站站号。

c　从站设置

（1）2080-SERIALISOL 扩展模块从站设置，如图 5-18 所示。

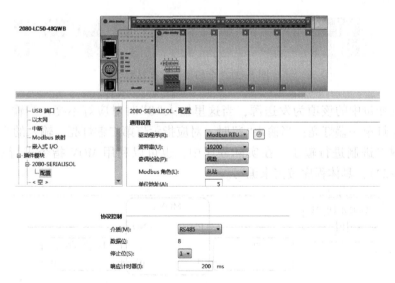

图 5-18　2080-SERIALISOL 扩展模块从站设置

设置从站，对应主站设定的站号，这里设置为 "5"。从站为 3 个输出（对应主站 MSG 指令中的 ElementCnt，3 个输出必须设为 "3"，因为主站只分配了 3 个长度的地址），程序如图 5-19 所示。

（2）控制器-Modbus 映射。控制器-Modbus 映射如图 5-20 所示。

图 5-19　从站程序

变量名	数据类型	地址	已用地址
M0	Bool	000100	000100
M1	Bool	000101	000101
M2	Bool	000102	000102

图 5-20　控制器-Modbus 映射

注意：这里的地址设置为"000100"，是因为主站中起始地址（Addr）设置为了"100"，这里的地址就是对应了主站分配的地址。

程序写入从站，到这里设置完毕，可以进行主站控制从站。全局变量的显示如图 5-21 所示。

图 5-21　全局变量数据显示

全局变量中的该项为发送源，当这里输入"0"时对应灯不亮；当输入"1"时，对应指示灯第一盏灯亮；当输入"2"时，对应指示灯第二盏灯亮。输入的十进制数，会对应成二进制进行输出。在实际程序中，也可以利用 MOV 指令进行数据操作（见图 5-22），具体程序按需求编写。

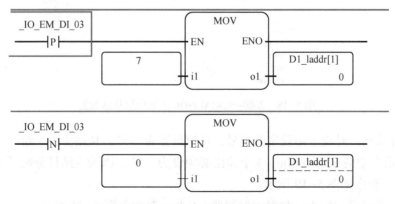

图 5-22　利用 MOV 指令进行数据操作

B　主站读取从站任务

a　主站设置

添加一个 MSG_MODBUS 指令（该指令为负则读取）如图 5-23 所示，其参数设置如图 5-24 所示。

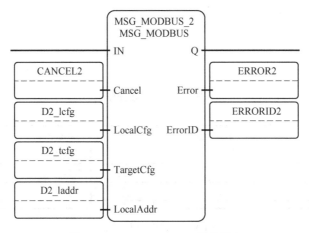

图 5-23　MSG_MODBUS 模块指令

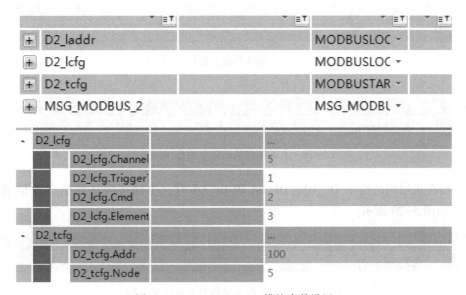

图 5-24　MSG_MODBUS 模块参数设置

注意，这里 Cmd 设置为"2"：读取输入状态，否则可能不能正常读取。

b　从站设置

从站程序如图 5-25 所示，MODBUS 映射如图 5-26 所示。

注意：映射需设置为 1xxxxx，否则可能无法正确对应。

当在从站按下 DI_03 时，主站接收从站信息通信结果（1）如图 5-27 所示。

当在从站同时按下 DI_03 和 DI_04 时，主站接收从站信息通信结果（2）如图 5-28 所示。

图 5-25　从站程序

变量名	数据类型	地址	已用地址
M0	Bool	100100	100100
M1	Bool	100101	100101
▶ M2	Bool	100102	100102

图 5-26　MODBUS 映射

- D2_laddr		...
D2_laddr[1]		1

图 5-27　主站从站信息通信结果（1）

- D2_laddr		...
D2_laddr[1]		3

图 5-28　主站接收从站信息通信结果（2）

当在从站同时按下 DI_03、DI_04 和 DI_05 时，主站接收从站信息通信结果
（3）如图 5-29 所示。

D2_laddr		...
D2_laddr[1]		7

图 5-29　主站接收从站信息通信结果（3）

主站以十进制读到了从站的值，所以需要编写一个十进制转为二进制的指令封
装来进行转换，才可以实现从站清楚正确地控制主站的 DO 点。从站中同时按下多
个按钮后，要利用这点，具体程序按实际编写。

　　C　数据交互任务

　　a　主站写给从站

主站中添加一个 MSG_MODBUS 模块指令如图 5-30 所示，设置参数如图 5-31
所示，控制器—MODBUS 映射如图 5-32 所示。

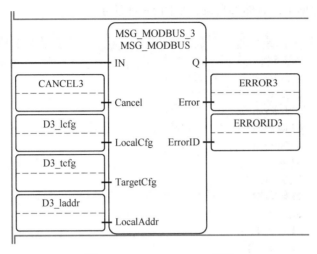

图 5-30　MSG_MODBUS 模块

D3_laddr		MODBUSLOC ▾
D3_lcfg		MODBUSLOC ▾
D3_tcfg		MODBUSTAR ▾
MSG_MODBUS_3		MSG_MODBL ▾

-	D3_lcfg		...
		D3_lcfg.Channel	5
		D3_lcfg.Trigger	1
		D3_lcfg.Cmd	16
		D3_lcfg.Element	12
-	D3_tcfg		...
		D3_tcfg.Addr	100
		D3_tcfg.Node	5

图 5-31　MSG_MODBUS 模块参数设置

注意：Cmd 要设置成"16"（写多个寄存器）；Element 设置成"12"（因为在从站中建了 3 个寄存器，数据类型选择了 LINT，一个寄存器占用了 4 个地址，所以一共 12 个）。

变量名	数据类型	地址	已用地址
D0	Lint	400100	400100 - 400103
D1	Lint	400104	400104 - 400107
▶ D2	Lint	400108	400108 - 400111

图 5-32　控制器-MODBUS 映射

注意：当从站选择读取主站传来的数据时，地址应该设置为 4xxxxx，因为在全局变量中添加的 D0、D1、D2 数据类型选择了 Lint，一个占用 4 个站点。设置完毕，可以开始传输数据了，具体参数设置如图 5-33 所示。

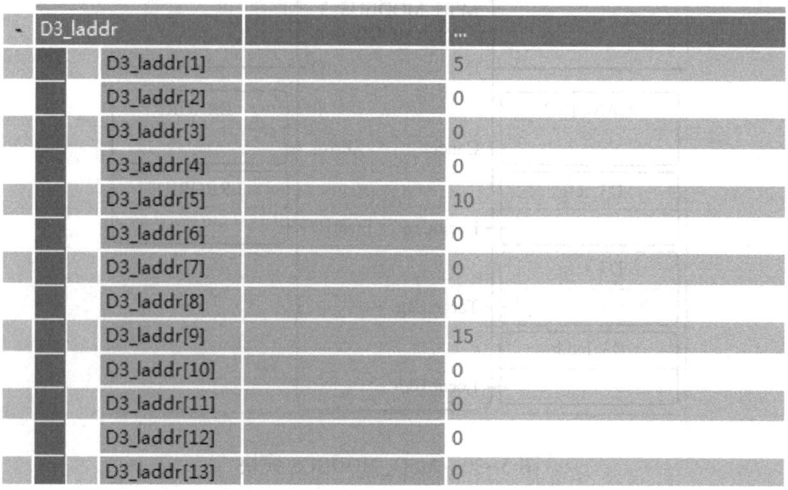

- D3_laddr		...
D3_laddr[1]		5
D3_laddr[2]		0
D3_laddr[3]		0
D3_laddr[4]		0
D3_laddr[5]		10
D3_laddr[6]		0
D3_laddr[7]		0
D3_laddr[8]		0
D3_laddr[9]		15
D3_laddr[10]		0
D3_laddr[11]		0
D3_laddr[12]		0
D3_laddr[13]		0

图 5-33　参数配置

在 D3_laddr［1］中输入数字时，从站 D0 中可以接收到输入的数字，证明成功地传输了数据；当在 D3_laddr［5］中输入数字时，对应 D1 也可以接收到相对应的数据；以此类推。

注意：一个 Lint 数据类型的 D 占用 4 个地址，图 5-33 中的输出地址不能输错。另外，D3_laddr［2］、D3_laddr［3］、D3_laddr［4］代表了什么？

通过在 D3_laddr［1］中输入 2^{16}，发现并不可以超过这个值，结果如图 5-34 所示。

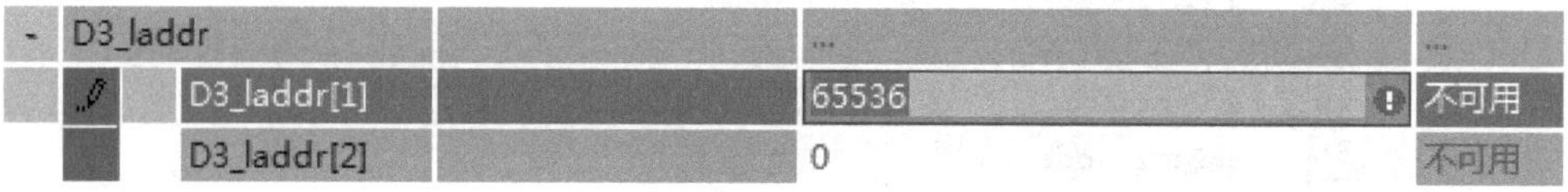

- D3_laddr		...	...
D3_laddr[1]		65536 ❗	不可用
D3_laddr[2]		0	不可用

图 5-34　测试结果

当输入 65535 时则可用，如图 5-35 所示。

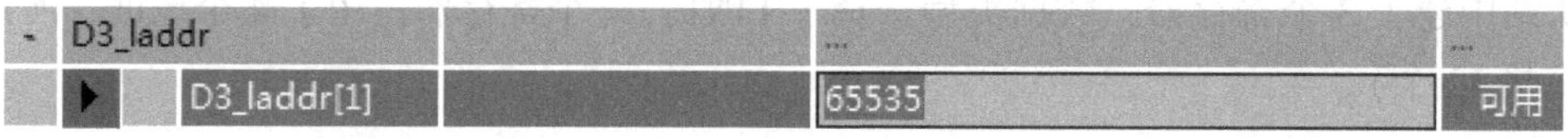

- D3_laddr		...	...
▶ D3_laddr[1]		65535	可用

图 5-35　测试结果

可以推断出，D3_laddr［2］中的范围为 $2^{16} \sim 2^{32}$，即 65536～4294967296。D3_laddr［3］就是 $2^{32} \sim 2^{48}$。

所以，D3_laddr［1］、D3_laddr［2］、D3_laddr［3］等，只是代表不同的数值范围。

b　从站传给主站数据

主站中添加 MSG_MODBUS 模块指令，如图 5-36 所示，其参数设置如图 5-37 所示。

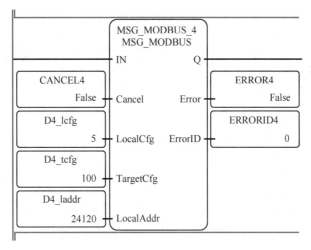

图 5-36　MSG_MODBUS 模块指令

+	D4_laddr		...
-	D4_lcfg		...
		D4_lcfg.Channel	5
		D4_lcfg.Trigger	1
		D4_lcfg.Cmd	4
		D4_lcfg.Element	12
-	D4_tcfg		...
		D4_tcfg.Addr	100
		D4_tcfg.Node	5
+	MSG_MODBUS_4		...

图 5-37　MSG_MODBUS 模块参数设置

注意：Cmd 设置为 4，读取输入寄存器；其他同上例子（按需求写入不同参数，不盲目照搬）。

从站中设置，控制器-MODBUS 映射如图 5-38 所示。

变量名	数据类型	地址	已用地址
D0	Lint	300100	300100 - 300103
D1	Lint	300104	300104 - 300107
D2	Lint	300108	300108 - 300111

图 5-38　控制器-MODBUS 映射

当从站中写寄存数据给主站时，从站中的地址注意格式为 3xxxxx；之后当再从站中给 D0、D1、D2 分别为 1、5、10 时，从站接收到的数据设置结果如图 5-39 所示。

为了验证之前的 D4_laddr［2］、D4_laddr［3］、D4_laddr［4］，在从站给 D0 一个较大的数 "88888888"。主站接收的测试数据（1）如图 5-40 所示。

D4_laddr		...
	D4_laddr[1]	1
▶	D4_laddr[2]	0
	D4_laddr[3]	0
	D4_laddr[4]	0
	D4_laddr[5]	5
	D4_laddr[6]	0
	D4_laddr[7]	0
	D4_laddr[8]	0
	D4_laddr[9]	10
	D4_laddr[10]	0
	D4_laddr[11]	0

图 5-39　从站接收到的数据设置结果

D4_laddr		...
	D4_laddr[1]	22072
▶	D4_laddr[2]	1356
	D4_laddr[3]	0
	D4_laddr[4]	0

图 5-40　主站接收的测试数据（1）

通过计算正好验证了之前的推断是正确的。再给 D1 一个较大的数据 "66666666"，主站接收的测试数据（2）如图 5-41 所示。注：$2^{16} \times 1017 + 16554 = 66666666$。

	D4_laddr[5]	16554
	D4_laddr[6]	1017
	D4_laddr[7]	0
	D4_laddr[8]	0

图 5-41　主站接收的测试数据（2）

任务 5.2　Micro850 控制器与三菱 FX 系列 PLC 之间的通信

5.2.1　任务描述

在现实企业自动化生产线上，往往需要不同品牌系列 PLC 进行数据通信和控制。本次任务完成 Micro850 控制器与三菱 FX 系列 PLC 之间的通信连接，设计过程中以三菱 PLC 作为主站，Micro850 控制器作为从站。

5.2.2　任务实施

（1）Micro850 控制器与三菱 FX_{3U} 系列 PLC 之间通信模块接线如图 5-42 所示。

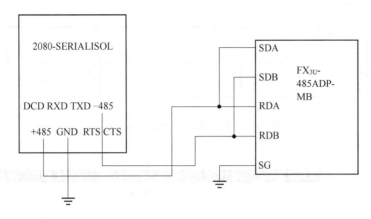

图 5-42　Micro850 控制器与三菱 FX$_{3U}$ 系列 PLC 通信模块接线图

（2）Micro850 控制器参数设置如下。

1）CCW 中组态通信模块 2080-SERIALISOL 如图 5-43 所示。

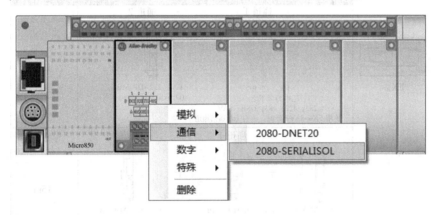

图 5-43　CCW 中组态通信模块 2080-SERIALISOL

2）2080-SERIALISOL 参数配置如图 5-44 所示。

图 5-44　2080-SERIALISOL 参数配置

3）建立 MODBUS 映射，控制器-MODBUS 映射关系如图 5-45 所示。其中，D0_00 由主站控制，DI_02 控制主站程序。

4）建立 FX$_{3U}$ 硬件通信模块使用通道，选择依据如图 5-46 所示。

变量名	数据类型	地址	已用地址
_IO_EM_DO_00	Bool	000001	000001
_IO_EM_DI_02	Bool	100002	100002
*			

图 5-45　控制器-MODBUS 映射关系

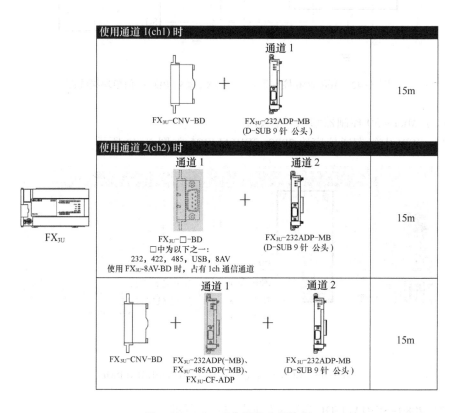

图 5-46　FX₃ᵤ 通信模块选择依据

文档—功能
参数

文档—特殊
寄存器说明

5）三菱 PLC 的通信程序及注释如图 5-47 所示。注意：在 MODBUS 通信设定中，需要使用特殊辅助继电器 M8411。

ADPRW 指令的说明如图 5-48 所示。

各功能代码所需的功能参数，以及 MODBUS 中使用的特殊寄存器，请扫描二维码查看文档。

MODBUS 通信设定中使用的软元件为：使用通信端口（通道 1）时设定 D8400，使用通信端口（通道 2）时设定 D8420。

D8400、D8420 通信格式见表 5-4，在通信格式中设定数值，可进行数据长度、奇偶性、波特率等通信设定。

```
              M8411                          * 〈8位/偶数/1位/19200bps/RS485      〉
  0           ┤ ├──────────────────────────┤ MOV    H1097    D8420 ├

                                             * 〈MODBUS主站/RTU模式               〉
                                            ┤ MOV    H1       D8421 ├

                                             * 〈请求间延迟(帧间延迟): 10ms       〉
                                            ┤ MOV    K10      D8431 ├

                                             * 〈通信事件日志储存起始元件 =D100〉
                                            ┤ MOV    K100     D8436 ├

                                             * 〈通信日志的设定                   〉
                                            ┤ MOV    H11      D8435 ├

              X000
 27           ┤/├────────────────────────────────────────────( M0 )

              M8000
 29           ┤ ├──────────────────────────┤ MOV    D100     D1 ├

                                ┤ ADPRW    H5      H5     K0     K0     M0 ├

                                ┤ ADPRW    H5      H2     K0     K4     M100 ├

              M101
 57           ┤/├────────────────────────────────────────────( Y000 )

                                             * 〈将MODBUS通信出错代码储存到D4000〉
              M8000
 59           ┤ ├──────────────────────────┤ MOV    D8422    D4000 ├

                                             * 〈将通信出错详细内容储存到D4001〉
                                            ┤ MOV    D8423    D4001 ├

                                             * 〈将通信出错步编号储存到D4002    〉
                                            ┤ MOV    D8424    D4002 ├

 75  ──────────────────────────────────────────────────────────┤ END ├
```

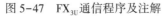

图 5-47　FX$_{3U}$通信程序及注解

16位运算(ADPRW)：功能代码 $(S_1 \cdot)$ 在从站 $(S \cdot)$ 上依照参数 $(S_2 \cdot)$ $(S_3 \cdot)$ $(S_4 \cdot)$ / $(D \cdot)$ 进行动作。
播放时请在从站本站号中指定0。

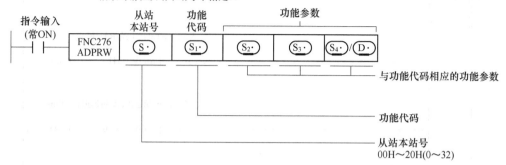

图 5-48　ADPRW 指令的说明

表 5-4　通信格式列表

位	名称	内容	
		0（bit＝OFF）	1（bit＝ON）
b0	数据长度①	7 位	8 位
b1 b2	奇偶性	b2、b1 (0, 0)：无 (0, 1)：奇数 (1, 1)：偶数	
b3	停止位	1 位	2 位
b4 b5 b6 b7	波特率（bps）	b7, b6, b5, b4 (0, 0, 1, 1)：300 (0, 1, 0, 0)：600 (0, 1, 0, 1)：1200 (0, 1, 1, 0)：2400 (0, 1, 1, 1)：4800 (1, 0, 0, 0)：9600	b7, b6, b5, b4 (1, 0, 0, 1)：19200 (1, 0, 1, 0)：38400 (1, 0, 1, 1)：57600 (1, 1, 0, 0)：不可以使用 (1, 1, 0, 1)：115200
b8~b11	不可以使用	—	—
b12	H/W 类型	RS-232C	RS-485
b13~b15	不可以使用	—	—

①RTU 模式的情况下，数据长度设定成 8 位。设定成 7 位时，有可能破坏数据。

注意：更改了设定时，务必将可编程控制器的电源从"OFF"变为"ON"。

（3）按照系统接线图完成 Micro850 控制器和三菱 FX$_{3U}$ PLC 通信模块的外部接线。

（4）将编写好的程序分别录入到 CCW 编程软件和三菱 GX Developer 或者 GX Works2 软件中，并进行程序的下载及运行。

（5）根据任务要求对程序进行通信调试。

（6）完成模块的任务评价。

➢ **任务评价**

表 5-5 为课程专业能力评分表。

表 5-5　"××"课程专业能力评分表

模块名称：_____

班级：_____　　小组：_____　　完成成员：_____

序号	主要内容	考核要求	评分标准	配分	扣分	得分
1	通信模块接线	根据任务要求，将三菱 PLC 与 Micro850 PLC 的通信模块进行外部连线	（1）三菱通信模块接线不正确，每处扣 5 分； （2）Micro850PLC 通信模块连线不正确，每处扣 5 分	20		
2	程序输入及调试	熟悉三菱 PLC 和 Micro850 PLC 编程软件，能正确进行通信组态设置、程序录入和下载；按任务进行通信调试，完成设计要求	（1）不能完成 Micro850PLC 之间的通信，扣 10 分； （2）不能完成 Micro850PLC 与 Logix 控制器之间的通信，扣 10 分； （3）不能完成三菱与 Micro850PLC 之间的通信，扣 10 分； （4）模拟调试功能不全，扣 10 分； （5）程序软件不会用，每处扣 5 分	50		
3	回答问题	根据设计题目及所编写的程序，结合本课题的实际情况提出相应的问题	（1）提出 1~2 个问题，每错一处扣 5 分； （2）提出一些新的建议及想法，加 5 分	10		
4	课题试验检验	在保证人身和设备安全，以及操作规范的前提下，通电试验一次成功	（1）操作调试不规范，每次扣 5 分； （2）一次调试不成功，扣 10 分； （3）二次调试不成功，扣 20 分	20		
5	"6S"管理制度	（1）安全文明生产； （2）自觉在实训过程中融入"6S"管理理念； （3）有组织，有纪律，守时诚信	（1）违反安全文明生产规程，扣 5~40 分； （2）乱线敷设，加扣不安全分，扣 10 分； （3）工位不整理或整理不到位，酌情扣 10~20 分； （4）随意走动，无所事事，不刻苦钻研，酌情扣 5~10 分； （5）不思进取，无理取闹，违反安规，取消实训资格，当天实训课题 0 分	倒扣		

续表 5-5

序号	主要内容	考核要求	评分标准	配分	扣分	得分
6	课堂异常情况记录					
备注			合计	100		
额定时间 120min	开始时间	结束时间	考评员或任课教师签字		年　月　日	

➤ 相关知识点

一、Modbus 通信协议介绍

（一）基本概念

1. 计算机语言

（1）字（word）、字节（byte）、位（bit）。1 word = 2 byte；1 byte = 8 bit。

（2）子网掩码。子网掩码有数百种，这里只介绍最常用的两种子网掩码，它们分别是"255. 255. 255. 0"和"255. 255. 0. 0"。

1）子网掩码是"255. 255. 255. 0"的网络：最后面一个数字可以在 0 ~ 255 范围内任意变化，因此可以提供 256 个 IP 地址。但是实际可用的 IP 地址数量是 256-2，即 254 个，因为主机号不能全是"0"或全是"1"。

2）子网掩码是"255. 255. 0. 0"的网络：后面两个数字可以在 0 ~ 255 范围内任意变化，可以提供 255^2 个 IP 地址。但是实际可用的 IP 地址数量是 255^2-2，即 65023 个。

IP 地址的子网掩码设置不是任意的。如果将子网掩码设置过大，也就是说子网范围扩大，根据子网寻径规则，很可能发往和本地机不在同一子网内的目的机的数据，会因为错误的判断而认为目的机是在同一子网内，那么，数据包将在本子网内循环，直到超时并抛弃，使数据不能正确到达目的机，导致网络传输错误；如果将子网掩码设置得过小，就会将本来属于同一子网内的机器之间的通信当作是跨子网传输，数据包都交给缺省网关处理，这样势必增加缺省网关的负担，造成网络效率下降。因此，子网掩码应该根据网络的规模进行设置。如果一个网络的规模不超过 254 台电脑，采用"255. 255. 255. 0"作为子网掩码就可以了，现在大多数局域网都不会超过这个数字，因此"255. 255. 255. 0"是最常用的 IP 地址子网掩码；较大规模的中小学校园网有 1500 多台电脑时，这种规模的局域网可以使用"255. 255. 0. 0"。

（3）网关。网关（Gateway）就是一个网络连接到另一个网络的"关口"。按照不同的分类标准，网关也有很多种。TCP/IP 协议里的网关是最常用的，在这里的"网关"均指 TCP/IP 协议下的网关。那么，网关到底是什么呢？网关实质上是一个网络通向其他网络的 IP 地址。比如有网络 A 和网络 B，网络 A 的 IP 地址范围为"192.168.1.1~192.168.1.254"，子网掩码为 255.255.255.0；网络 B 的 IP 地址范围为"192.168.2.1~192.168.2.254"，子网掩码为 255.255.255.0。在没有路由器的情况下，两个网络之间是不能进行 TCP/IP 通信的，即使是两个网络连接在同一台交换机（或集线器）上，TCP/IP 协议也会根据子网掩码（255.255.255.0）判定两个网络中的主机处在不同的网络里。而要实现这两个网络之间的通信，则必须通过网关。如果网络 A 中的主机发现数据包的目的主机不在本地网络中，就把数据包转发给它自己的网关，再由网关转发给网络 B 的网关，网络 B 的网关再转发给网络 B 的某个主机。网络 B 向网络 A 转发数据包的过程也是如此。所以说，只有设置好网关的 IP 地址，TCP/IP 协议才能实现不同网络之间的相互通信。那么，这个 IP 地址是哪台机器的 IP 地址呢？网关的 IP 地址是具有路由功能设备的 IP 地址，具有路由功能的设备有路由器、启用了路由协议的服务器（实质上相当于一台路由器）、代理服务器（也相当于一台路由器）。什么是默认网关呢？如果搞清了什么是网关，默认网关也就好理解了。就好像一个房间可以有多扇门一样，一台主机可以有多个网关。默认网关的意思是一台主机如果找不到可用的网关，就把数据包发给默认指定的网关，由这个网关来处理数据包。现在主机使用的网关，一般指的是默认网关。一台电脑的默认网关是不可以随便指定的，必须正确地指定，否则一台电脑就会将数据包发给不是网关的电脑，从而无法与其他网络的电脑通信。

2. 校验码

校验码是由前面的数据通过某种算法得出，用于检验该组数据的正确性。代码作为数据在向计算机或其他设备进行输入时，容易产生输入错误。为了减少这种输入错误，编码专家发明了各种校验检错方法，并依据这些方法设置了校验码。常用的校验有累加和校验 SUM、字节异或校验 XOR、纵向冗余校验 LRC、循环冗余校验 CRC 等。

3. 协议和接口

协议是一种规范和约定，是一种通信的语言，规定了通信双方能够识别并使用的消息结构和数据格式。接口是一种设备的物理连接，指的是在物理层上的定义，像 RS422/RS232/RS485/以太网口等。协议和接口并不是一个概念，不能混淆。Modbus 协议一般运行在 RS485 物理接口上，半双工的，是一种主从协议。

（二）MODBUS 协议概述

MODBUS 协议是应用于电子控制器上的一种通用语言，实现控制器之间、控制器由网络和其他设备之间的通信，支持传统的 RS232/RS422/RS485 和最新发展的以太网设备。它已经成为一种通用工业标准。有了它，不同厂商生产的控制设备可以连成工业网络，进行集中控制。此协议定义了一个控制器能认识使用的消息结构，MODBUS 协议是一种请求——应答方式的协议。

（三）两种传输方式

1. ASCII 模式

ASCII 为美国标准信息交换代码，其特点为：

（1）消息中每个 8bit 都作为两个 ASCII 字符发送；

（2）1 个起始位、7 个数据位、1 个奇偶校验位和 1 个停止位（或者两个停止位）；

（3）错误检测域是 LRC 检验；

（4）字符发送的时间间隔可达到 1s 而不会产生错误。

2. RTU 模式

RTU 为远程终端单元，其特点为：

（1）消息中每个 8bit 字节包含两个 4bit 的十六进制字符，因此在波特率相同的情况下，传输效率比 ASCII 传输方式大。

（2）1 个起始位、8 个数据位、1 个奇偶校验位和 1 个停止位（或者两个停止位）。

（3）错误检测域是 CRC 检验。

（4）消息发送至少要以 3.5 个字符时间的停顿间隔开始。整个消息帧必须作为一个连续的流传输。如果在帧完成之前有超过 1.5 个字符时间的停顿时间，接收设备将刷新不完整的消息，并假定下一个字节是一个新消息的地址域。同样地，如果一个新消息在小于 3.5 个字符时间内接着前个消息开始，接收的设备将认为它是前一个消息的延续。1.5~3.5 个字符间隔就算接收异常，只有超过 3.5 个字符间隔才认为帧结束。

（四）MODBUS 协议寄存器解释

MODBUS 协议定义的寄存器地址是 5 位十进制地址，具体有：

线圈（DO）地址：00000~09999；触点（DI）地址：10000~19999；输入寄存器（AI）地址：30000~39999；输出寄存器（AO）地址：40000~49999。

由于上述各类地址是唯一对应的，因此有些资料就以其第一个数字区分各类地址，即：0x 代表线圈（DO）类地址，1x 代表触点（DI）类地址、3x 代表输入寄存器（AI）类地址、4x 代表输出寄存器（AO）类地址。在实际编程中，由于前缀的区分作用，所以只需说明后 4 位数，而且需转换为 4 位十六进制地址。

关于 MODBUS 各地址的说明：MODBUS 协议中设备类型为 0x、1x、3x、4x、5x、6x，还有 4x_bit、3x_bit 等，下面分别说明这些设备类型在 MODBUS 协议中支持的功能码。

（1）0x：是一个可读可写的设备类型，相当于操作 PLC 的输出点。该设备类型读位状态的时候，发出的功能码为 01H，写位状态的时候发出的功能码为 05H。

（2）1x：是一个只读的设备类型，相当于读 PLC 的输入点。读位状态的时候发出的功能码为 02H。

（3）3x：是一个只读的设备类型，相当于读 PLC 的模拟量。读数据的时候发出的功能码为 04H。

（4）4x：是一个可读可写的设备类型，相当于操作 PLC 的数据寄存器。当读数据的时候发出的功能码是 03H，当写数据的时候发出的功能码是 10H。

（5）5x：该设备类型与 4x 的设备类型属性是一样的，即发出读写的功能码完全一样。不同之处在于：当为双字时，例如 32_bit unsigned 格式的数据，使用 5x 和 4x 两种设备类型分别读取数据时，高字和低字的位置是颠倒的；使用 4x 设备类型读到的数据是 0x1234，那么使用 5x 设备类型读取的数据是 0x3412。

（6）6x：是一个可读可写的设备类型，读数据的时候发出的功能码也是 03H；与 4x 不同之处在于写数据的时候发出的功能码为 06H，即写单个寄存器的数据。

（7）3x_bit：该设备类型支持的功能码与 3x 设备类型完全一致；不同之处是，3x 是读数据，而 3x_bit 是读数据中某一个 bit 的状态。

（8）4x_bit：该设备类型支持的功能码与 4x 设备类型完全一致；不同之处是，4x 是读数据，而 4x_bit 是读数据中的某一个 bit 的状态。

二、Micro800 控制器的网络结构

Micro800 系列 PLC 主要用于经济型单机控制，结构和功能相对简单，因此其网络结构也不复杂。Micro800 控制器支持 RS-232 和 RS-485 通信，还自带与计算机通信的 USB 接口。

Micro800 系列 PLC 嵌入式的通信模块支持的串行端口协议有 MODBUS RTU Master and Slave，ASCII 通信及 CIPSena1。MODBUS 是一种半双工、主从通信协议，允许主设备最多与 247 个从设备进行通信。ASCII 可以使 Micro800 控制器连接到其他 ASCII 设备，如条形码阅读器、磅秤、串行打印机或其他智能设备。

Micro850 系列 PLC 支持基本 EtherNet/IP 端口，可以接入 EtherNet 网络中，与其他通信设备进行通信。该通信口支持的以太网协议有：EtherNet/IP、MODBUS/TCP、DHCP Client。此外，Micro830 和 Micro850 还支持协议 MODBUS/TCP Server 和 CIP Symbolic Server。

三、Micro850 软件版本升级与降级操作

（1）打开 CCW 软件并新建程序，选择控制器型号与版本号，该版本为 10 版本。

（2）点击菜单栏中的"设备"—"更新固件"—"升级或降级"。

微课—版本
升降级

（3）通信连接 PLC，选择下载方式。本示例为 USB 连接方式，并将拨码状态调到编程状态。

（4）连接完毕，选择目标版本 10 版本，点击更新。

（5）点击更新之后等待几分钟，更新完毕。

注意：更新完毕后点击取消即可（不要再点更新，否则会刷回 11 版本），降级操作与升级操作同理。

➤ **思考与练习**

（1）可以更新 Micro800 控制器硬件的软件是_____。

（2）Micro800 系列 PLC 不同型号之间的_____插件可以共用，内置_____、_____、_____和_____等通信接口，有强大的通信功能。

视频—远程
控制 PLC
操作

（3）Micro830 和 Micro850 控制器（交流输入除外）都支持_____（HSC）功能，最多的能支持_____个 HSC。

（4）Micro800 控制器支持三种编程方式：_____、_____、_____。

视频—罗克
韦尔的以太
网通信

案例—通过
浙江工业职
业技术学院
办公网络实
现 ABPLC
远程通信

案例—
Micro850PLC
以太网通信
实验的结论

案例—如何
通过远程桌
面连接控制
PLC

（5）在速度控制系统中，Micro850 速度控制程序最多支持与_____个 Power-Flex525 变频器进行_____通信。

（6）简述 Micro850 控制器之间的通信。

（7）Micro850 系列 PLC 支持基本通信接口，可以接入 EtherNet 网络中，该通信口支持的以太网协议有哪三种？Modbus 是一种什么通信协议，能最多连接多少个从站设备？串口打印机可以用什么通信协议？

（8）以 Micro850 为核心的位置控制系统，通过哪两种方式来控制 K3 驱动器？

模块 6　触摸屏应用设计

- ● **知识目标**

　　（1）了解触摸屏工作原理及基本结构。
　　（2）掌握触摸屏型号命名及简单应用。
　　（3）学会运用 PLC 与触摸屏进行联合综合模块设计。

- ● **技能目标**

　　（1）学会触摸屏的软件应用，能根据任务要求进行组态画面的编辑。
　　（2）学会触摸屏离线仿真调试。
　　（3）学会对不同品牌的触摸屏进行通信设置。
　　（4）具备运用 PLC 与触摸屏相关知识解决实际工程问题的能力。

- ● **思政引导**

　　激光直接制造技术是 20 世纪 90 年代在快速成型技术的基础上，通过激光熔覆技术发展起来的一种无模型快速制造技术。这一技术早在 2000 年前后就由中航的技术团队开始进行研发，目前中国已具备使用激光成型制造超过 $12m^2$ 的复合钛构件的技术和能力。

　　激光直接制造技术在航空、航天、造船、模具等关乎国家竞争力的重要工业领域内具有极大的应用价值。中国在激光成型技术方面，处于国际领先水平，某 20 钛合金主体结构的制造也用到了这项技术，大大降低了某 20 钛合金的结构重量，提高了某 20 钛合金的推重比，还有某轰炸机上钛合金构件的制造，也用到了这项技术。有了这项技术，就可以逐渐打破国外对我国大吨位、高自由度机加工设备的技术封锁。

　　近年来，国人愈发意识到核心技术的重要性，科技行业也迸发出强烈的攻克核心技术的信念。作为激光领域的后发者，几十年来，中国激光领域科学家们攻坚克难、矢志不渝，以层出不穷的革新与创造打破了一道又一道技术封锁。2017 年 10 月，上海超强超短激光实验装置研制工作再度取得重大突破，成功实现了 10 拍瓦激光放大输出，再度刷新了由自己创造的激光脉冲输出功率纪录。

　　围绕"中国制造 2025"行动纲领和"一带一路"倡议，激光行业得到高速发展，国家也陆续出台利好扶持政策，我国激光器市场国产化率将进一步提升。在这样的形势下，激光行业能够掌握更多核心技术，开拓更多高端应用，使中国制造真正走向高端制造。

任务 6.1　威纶触摸屏 EB8000 应用

6.1.1　任务描述

了解威纶触摸屏 EasyBuilder8000（以下简称"EB8000"）基本结构，会进行简单组态的应用设计。

（1）熟悉 EB8000 硬件。

（2）简单工程的建立。

（3）编辑、下载及系统参数。

6.1.2　任务实施

6.1.2.1　了解威纶触摸屏 EB8000

（1）USB Host：支持各种 USB 接口的设备，如鼠标、键盘、U 盘、打印机等。

（2）USB Client：连接 PC，提供项目上传及下载，包括工程文档、配方数据传送、事件记录、备份等。

（3）以太网口：连接具有网络通信功能的设备，如 PLC、笔记本电脑等，通过网络做信息交流。

（4）CF 卡/SD 卡接口：提供项目上传及下载，包括工程文档、配方数据传送、事件记录、备份等。

（5）串口：所支持的 COM 端口可连接到 PLC 或其他设备使用，界面规格具有 RS-232、RS485 2W/4W。在这里，把 COM 端口 RS-422 方式等同为 RS485 4W 方式。

6.1.2.2　MT8000 系列触摸屏系统设定

第一次操作 MT8000 前，必须先在触摸屏上完成各项系统设定，设定完成后即可使用 EB8000 编辑软件开发个人专属的操作画面。以下说明 MT8000 触摸屏启用时各项设定画面。

A　重置系统为出厂设定

每台触摸屏背后都有一组重置按钮及拨码开关，当使用拨码开关 SW1 做不同模式切换时，将可激活相对应的功能。当遗失或忘记 MT8000 的系统设定密码时，可以将拨码开关 SW1 切至"ON"，然后将 MT8000 重新上电。此时 MT8000 会先切换至屏幕触控校正模式，在用户完成校正动作后，会弹出一个对话窗口，此对话窗口将询问使用者是否将 MT8000 的系统设定密码恢复为出厂设定，若为是则选定"YES"，反之则选择"NO"。

当选择为"YES"后，会弹出另一个对话窗口，此对话窗口将再次确认用户是否要将 MT8000 的系统设定密码恢复为出厂设定，并且要求用户输入"YES"作为确认，在完成输入后触控"OK"即可（MT8000 系列出厂时的系统预设密码为

111111，但必须重设其他密码，包括 download 与 upload 所使用的密码皆需重设）。

B　系统工具条

启动触摸屏后可利用在屏幕右下方的工具条做系统设定，在工具条中出现可以使用的图标。

C　系统设定

设定或更改触摸屏的各项系统参数，基于安全考虑必须进行密码确认（出厂密码为 111111）。

（1）Network：用户可使用以太网下载画面程序到触摸屏上，但需正确设定操作对象（即触摸屏）的 IP 地址。选择"Obtain an IP Address Automatically"时，触摸屏的 IP 地址由所处的网域 DHCP 自动分配 IP；选用"IP address get from below"时，则必须手动输入 IP 地址及其他网络参数。

（2）Time/Date：此设定页可设定触摸屏的本地时间和日期。

（3）Security：触摸屏操作提供严谨的密码防护，预设密码为 111111。

（4）Local Password：进入系统设定时所需的密码。

（5）Upload Password：上传工程文件时所需的密码。

（6）Download Password：下载工程文件时所需的密码。

（7）Upload（History）Password：上传资料取样数据与事件记录文件时所需密码。

（8）History：此设定页可清除存在触摸屏内的历史记录数据文件，如配方数据、事件记录、数据取样记录。

（9）HMI name：设定 HMI 名称，以方便下载或上传工程文件。

（10）Firmware setting：用户可在此更新系统韧体及启用直立模式（只有 i 系列支持直立模式）。

（11）VNC server：启用此功能后，可通过以太网络监控该触摸屏，步骤如下：

1）步骤 1，打开触摸屏的 VNC server 设置登录密码；

2）步骤 2，安装 Java IE 或 VNC viewer 到 PC。

安装 Java IE 后可通过 IE 输入远端触摸屏的 IP 地址，例如，http：//192.168.1.28 或者通过 VNC viewer 输入远端触摸屏的 IP 地址和密码。

（12）Miscellaneous：利用屏幕上的旋钮可调整 LCD 画面亮度。

D　触摸屏触控校准模式

在这个模式下，当 MT8000 系列触摸屏电源开启时，就会在屏幕的左上角出现一个"+"，使用触控笔或手指触控这个"+"的中间，它就会移动。它会出现在左上角、右上角、右下角、左下角及屏幕中央位置，当这五个点都被准确触控之后"+"会自动消失。同时校准参数会保留在触摸屏的系统里面。

6.1.2.3　下载设定

MT8000 提供使用外部装置下载工程文件到触摸屏的方式，将外部装置插入时，并指定要下载的工程文件目录名称后，MT8000 会将此目录下的所有数据下载到触摸屏上。下载过程中，触摸屏画面会按触控图所示次序改变为：

（1）停止当前工程文件；

（2）开始下载新的工程文件。

6.1.2.4　制作简单工程

以连接三菱 PLC 为例，制作一个简单的工程。首先触控工具条上开启新文件的工作按钮，选择正确的机型与显示模式。

在触控确定键后，下一步除了要正确设定系统参数属性外，需在"设备列表"中使用"新增…"功能，增加一个新的设备。

触控确定键后可以发现"设备列表"增加了一个新的设备"MITSUBISHI FX0n/FX2"。现要增加一个"位状态切换开关"元件，出现图 6-1 所示的对话窗，在正确设定各项属性后，触控确定键并将元件置放在适当位置。

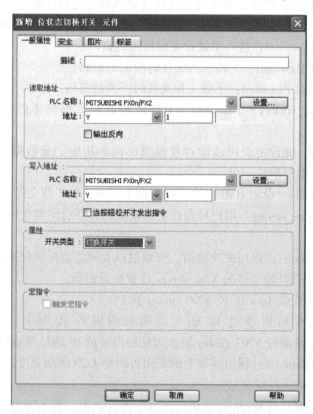

图 6-1　位状态切换开关设置

如此就完成了一个简单的工程文件。保存完成后用户可以使用编译功能，检查画面规划是否正确，编译结果不存在任何错误，即可执行离线模拟功能。

6.1.2.5　编译、模拟与下载

一个完整的设计步骤包括：画面编辑、编译、模拟与下载，下文说明各项步骤的内容。

（1）画面编辑。使用 EB8000 规划所需的各种画面，编辑完成后可将画面规划内容保存为 MTP 文件。

（2）编译。在使用 EB8000 完成工程文件（MTP）后，下一步需使用 EB8000 提供的编译功能，将 MTP 文件编译为下载至 HMI 所需的 XOB 文件。在触控工具条上的编译按钮可获得"编译"对话窗。

（3）模拟。模拟可分为离线模拟与在线模拟两种：离线模拟不需接上 PLC，PC 会使用虚拟设备模拟 PLC 的行为；在线模拟则需接上 PLC，并需正确设定与这些 PLC 的通信参数。要进行离线模拟与在线模拟，可以使用 Project Manager 的离线模拟与在线模拟的功能；另一种方式是使用 EB8000 所提供的功能，触控工具条上的离线模拟与在线模拟按钮后即可进行这些功能。

（4）下载。在完成模拟动作确认画面规划结果无误后，下一步需将 XOB 文件下载到触摸屏中。下载 XOB 文件的一种方式是利用 Project Manager 的"下载"功能，此部分参考有关 Project Manager 的说明；另一种下载方式是使用 EB8000 的下载功能，触控工具条上的下载按钮将出现"下载对话窗"。"下载对话窗"中的各设定项目说明如下。

1）HMI IP：用来设定下载触摸屏的 IP 地址。

2）密码：下载密码，输入下载所需的密码，具体可参考"硬件设定说明"。

3）韧体：勾选此选项表示要更新触摸屏上的所有核心程序。第一次下载工程到触摸屏时，一定要选择此选项。

4）清除配方数据：此选项如被勾选，下载程序进行前会先将所有配方的数据设定为"0"。

5）清除事件记录：此选项如被勾选，下载程序进行前会先清除触摸屏上存在的所有事件记录文件。

6）清除资料取样记录：此选项如被勾选，下载程序进行前会先清除触摸屏上存在的所有资料取样文件。

7）下载后启动程序画面：此选项如被勾选，下载程序完成后会重新启动触摸屏。触控"下载"按钮后将执行下载动作，信息窗口中会显示目前已下载完成的文件。

任务 6.2 威纶触摸屏离线仿真设计

6.2.1 任务描述

在任务 6.1 的基础上进一步掌握威纶触摸屏的使用，完成十字路口交通灯的离线仿真任务。控制要求如下。

（1）自动运行模式。自动运行时，按下启动按钮，信号灯系统按图 6-2 所示要求开始工作（绿灯闪烁的周期为 3s），周而复始，不断往复；当按下停止按钮时，所有信号灯熄灭。

（2）手动运行模式。手动运行时，东西、南北两个方向的黄灯同时闪烁，闪烁周期为 1s。

视频—交通
灯离线模拟

视频—八段
码离线模拟 1

南北方向	红灯亮10s		绿灯亮5s	绿灯闪3s	黄灯亮2s

视频—八段
码离线模拟 2

东西方向	绿灯亮5s	绿灯闪3s	黄灯亮2s	红灯亮10s

图 6-2　交通灯自动运行的动作要求

6.2.2　任务实施

视频—八段
码离线模拟 3

6.2.2.1　建立新工程

选择型号：TK6070ik/ TK6070up/ TK8070ik（800 * 480），确定创建新工程。

6.2.2.2　工程画面制作

（1）选择直线工具，可选线形、线色、线条粗细，其中箭头图形可用多边形工具绘制。

视频—八段
码离线模拟 4

（2）选择位状态指示灯元件进行制作，其中南北方向绿、黄、红灯设置的地址依次为 LB0、LB1、LB2，东西方向绿、黄、红设置的地址一次为 LB3、LB4、LB5。

（3）点击位状态指示灯元件图库，找到绿色灯确定，如图 6-3 所示。

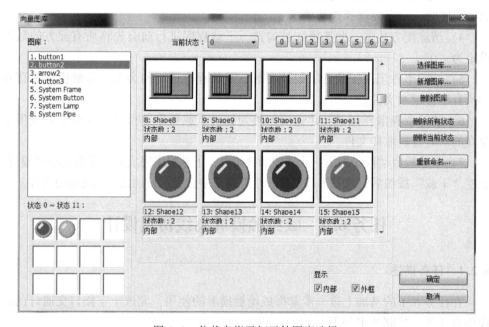

图 6-3　位状态指示灯元件图库选择

（4）放置合适位置，依次制作交通灯编辑画面，如图 6-4 所示。

6.2.2.3　制作路灯闪烁

复制四个绿灯元件进行设置，鼠标双击复制好的绿灯元件，将南北方向闪烁绿

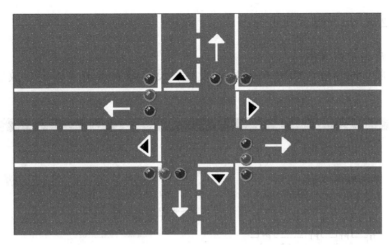

图 6-4　交通灯编辑画面

灯地址设置为"LB7"，东西方向闪烁绿灯设置为"LB8"。下面以南北方向闪烁绿灯为例示范。

6.2.2.4　将设置好的闪烁绿灯放置到不闪烁绿灯上

以南北方向为例，双击不闪烁绿灯，跳出位指示灯属性点击轮廓，可知其位置为 $X=490$，$Y=125$，双击闪烁绿灯点击轮廓，将其位置设置为 $X=490$，$Y=125$ 并且确定，将其他闪烁绿灯也进行设置。

6.2.2.5　按钮制作

（1）点击"位状态切换开关"，进行设置。
（2）选择"使用图片"，然后点击"图库"。
（3）按钮选择。
（4）选择合适位置进行放置，如图 6-5 所示。

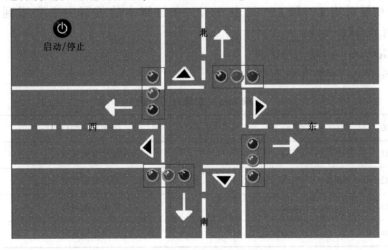

图 6-5　按钮在图形中的位置

6.2.2.6　计时器的使用

（1）点击计时器工具；

（2）将计时器进行如图 6-6 所示设置，设置好后点击"确定"放置于任一位置。

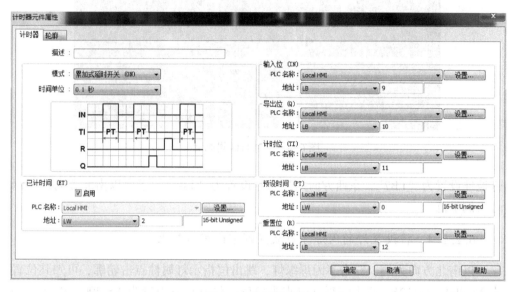

图 6-6　计时器属性

6.2.2.7　宏指令的编写

（1）点击"宏指令"工具。

（2）点击"新增画面"。

（3）在这个主函数中编写脚本。跟 C 语言一样先要定义变量，LB 为 bool 量，LW 为常量，此程序中定义为无符号 32 位整型 unsigned int。

各个变量对应 LB 和 LW 见表 6-1，在宏脚本的编写中主要用到 GetData、SetData 两个函数。

1）GetData：读取元件状态；

2）SetData：将变量状态写入元件。

表 6-1　变量对应列表

LB0	a1	南北方向绿灯
LB1	b1	南北方向黄灯
LB2	c1	南北方向红灯
LB3	a2	东西方向绿灯
LB4	b2	东西方向黄灯

续表 6-1

LB5	c2	东西方向红灯
LB6	kk	启动/停止按钮
LB7	s1	南北方向闪烁绿灯
LB8	s2	东西方向闪烁绿灯
LB9	d1	计时器开始计时
LB10	e1	计时器时间到
LB12	f1	重置计时器
LW0	g1	给计时器预设值
LW2	h1	计时器计时时间
	k	中间变量

（4）案例程序。

任务 6.3　Micro850 PLC 与触摸屏联合应用——指示灯操作

案例—触摸屏程序

6.3.1　任务描述

在威纶触摸屏建立按钮与指示灯，在建立通信后，威纶触摸屏的按钮可以控制 Micro850 PLC 的输出；反之，Micro850 PLC 的输入可以控制威纶触摸屏的指示灯。

6.3.2　任务实施

6.3.2.1　触摸屏设置

（1）打开软件创建新程序，选择触摸屏型号为 TK6070ik/TK6070up/TK8070ik（800 * 480）。

（2）点击"确定"，出现如图 6-7 所示画面。

（3）点击"新增"出现"设备属性界面"。

微课—威纶触摸屏设置

1）名称：触摸屏与 PLC 控制，选择与谁进行通信控制为 PLC。

2）PLC 类型：为 MOUBUS RTU，即 PLC 与触摸屏的通信协议类型。

3）接口类型：为 RS-485 2W，即 PLC 与触摸屏是通过 485 线连接在一起的。

4）COM：com2（9600，E，8，1）。

（4）点击"设置"，进行"通信端口"设置，如图 6-8 所示。波特率改为"19200"，其他不变（这里面的参数设置与 PLC 设置必须一一对应）。

微课—威纶触摸屏与 850 PLC 的联机应用

（5）点击"确定"，进入图形编程界面，即可以进行画图编辑。如果想改变背景的颜色等参数，画面右键，进入属性界面，点击"属性"进行设置。

（6）在画面的菜单栏中选择 按钮，出现"位状态切换开关"设置界面。

图 6-7　系统参数设置界面

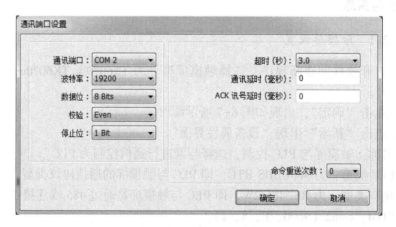

图 6-8　通信端口设置

1) 描述: 写入"启动"。

2) 读取地址:

①PLC 名称，选择建立过的"触摸屏与 PLC 控制";

②地址，也就是与 PLC 所建立的地址位置，0x 中的 0 是指布尔量或者开关量，

这个地址对应 PLC 的地址是 6 位的，本设置如果到 PLC 的地址就是 000001。

3）开关类型：复归型。在"图片"中选择一个按钮选取适合的图案，以同样的方法定义"启动 1"（对应 0x 为 2），"启动 2"（对应 0x 为 3）；三盏灯对应地址为："灯"（对应 0x 为 10），"灯 1"（对应 0x 为 11），"灯 2"（对应 0x 为 12），如图 6-9 所示。

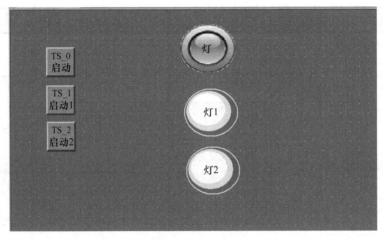

图 6-9　灯的设置

（7）点击页面的"保存"，再点击工具的"编辑"，进行画面编辑。

（8）点击工具"下载"。要对应的下载方式，本任务选择 USB 下载线。

6.3.2.2　PLC 设置

（1）打开 CCW 编写如图 6-10 所示程序。其中，S1 和 HAHA 是自定义的逻辑变量（相当于辅助继电器），而_IO_EM_DI_05 是物理变量（也就是说_IO_EM_DI_05 跟外部按钮时连在一起的）。

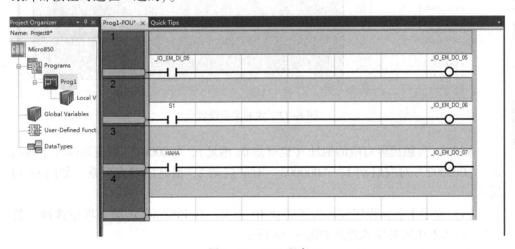

图 6-10　CCW 程序

（2）建立连接。双击"Micro850"，先在 PLC 中找到与触摸屏通信的形式，在 Controller 中找到"Serial port"，即为串口通信。通信设置参数，需要与触摸屏设置的参数一一对应。

（3）映射关系设置。地址连接找到 Controller—Modbus Maopping，如图 6-11 所示。双击"Variable Name"，在图 6-12 中选择图 6-10 梯形图中编好的 I/O 点。

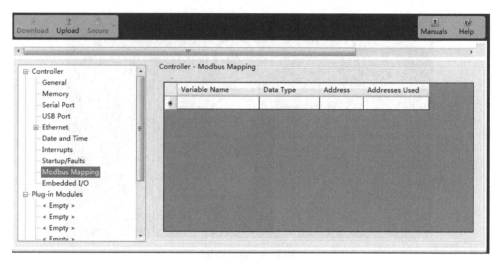

图 6-11　地址连接设置

视频—数显控制八段码—在线 1

视频—数显控制八段码—在线 2

视频—在线—计数器控制八段码

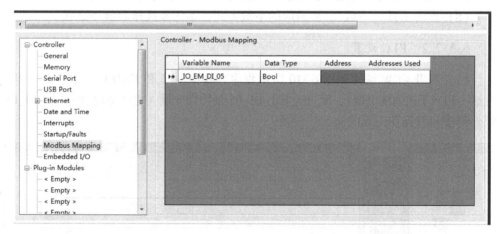

图 6-12　映射关系设置

Address 为触摸屏对应的地址（也就是 0x 地址），"000001"对应触摸屏中的启动，"000002"对应启动 1，"000003"对应启动 2，最终的对应关系，如图 6-13 所示。

（4）程序下载。程序写入为了防止 IP 丢失，在 Etherner 的第一项中选择"静态"，输入本机所对应的地址如图 6-14 所示。

（5）编辑，下载，监控，程序调试。

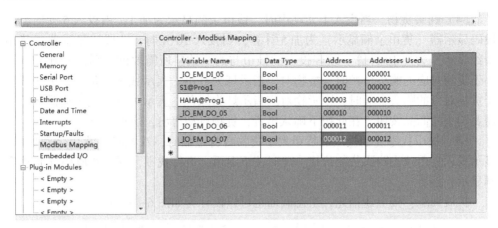

视频——在线-
交通灯操作
现象

视频——在线-
交通灯组态
及编程

图 6-13　映射关系

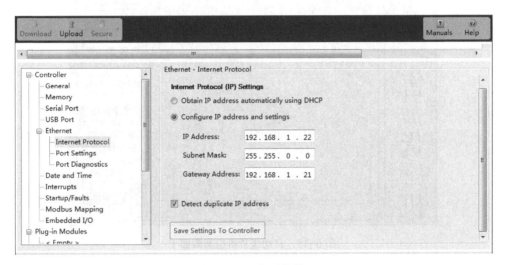

图 6-14　程序下载设置

任务 6.4　Micro850 PLC 与触摸屏联合应用——自动售货机系统设计

6.4.1　任务描述

设计一个自动售货机控制系统，触摸屏如图 6-15 所示，具体画面要求如下。

（1）自动售货机有 3 元、4 元、5 元、6 元的货物。

（2）投币入口设置纸币 5 元、10 元和 1 元硬币，且钱币有八段码显示器（货币余额显示）。

（3）自动售货机有确认出货、退币按钮，同时设置一个总操作箱（对售货机进行整体管理），设置有启动售货机和停止售货机两个按钮。

（4）购买货物。当投入 1 元硬币时，钱币余额显示为加 1，当投入 5 元时，八段码显示器（货币余额显示）为加 5 计算，当投入 10 元时，八段码显示器（货币余额显示）为加 10 计算。顾客投入的钱币与购买饮料所需要的钱币进行比较，若小于货物对应的购买金额时，货物对应指示灯为红色，表示钱币不足；若大于或等于货物对应的购买金额时，则货物对应指示灯为绿色，表示可以购买该商品。按下需要购买的商品按钮，在此按下确认出货，货物自动售出，购买完成。

（5）退币找零。如投入的货币大于货物自身金额时，八段码（货币余额显示）显示投入货币减去购买货物价格，此时按下退币，进行找零，同时八段码（货币余额显示）清零。

扩展训练：按上述描述，组态画面也可以设计为如图 6-16 所示。

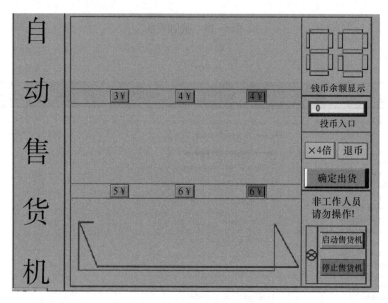

图 6-15　自动售货机组态画面 1

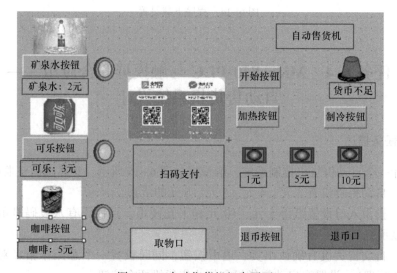

图 6-16　自动售货机组态画面 2

6.4.2　任务实施

（1）按照控制要求设计组态画面。

（2）按照控制要求完成 Micro850 PLC 的程序设计。

（3）根据任务要求对组态画面与 PLC 的联机操作。

（4）完成模块的任务评价。

➤ **任务评价**

表 6-2 为课程专业能力评分表。

表 6-2　"××"课程专业能力评分表

模块名称：_____

班级：_____　　　小组：_____　　　完成成员：_____

序号	主要内容	考核要求	评分标准	配分	扣分	得分
1	触摸屏	（1）能正确绘制触摸屏界面； （2）能对编好的程序进行离线仿真； （3）能与 PLC 进行联机操作	（1）触摸屏基本操作，10分； （2）离线仿真任务，10分； （3）与 PLC 联机任务，20分	40		
2	控制系统外部接线图	（1）能正确连接触摸屏下载线； （2）能正确连接 PLC 与触摸屏通信线	下载及通信不正确，扣10分	10		
3	程序设计及相关参数设置	能够完成各任务中的控制要求，并能正确设置相关控制器的参数，程序编写简介，功能有创新	（1）程序功能不全，扣10分； （2）程序较为烦琐，扣10分； （3）变频器及扩展模块参数设置不全，每处扣3分	20		
4	模拟运行及文档归类	（1）在保证人身和设备安全，以及操作规范的前提下，通电试验一次成功； （2）项目设计完成后，进行资料分类整理并归档	（1）操作调试不规范，每次扣5分； （2）一次调试不成功，扣10分； （3）二次调试不成功，扣20分； （4）没有进行资料归档，扣10分	30		

续表 6-2

序号	主要内容	考核要求	评分标准	配分	扣分	得分
5	"6S"管理制度	(1) 安全文明生产； (2) 自觉在实训过程中融入"6S"管理理念； (3) 有组织，有纪律，守时诚信	(1) 违反安全文明生产规程，扣 5~40 分； (2) 乱线敷设，加扣不安全分，扣 10 分； (3) 工位不整理或整理不到位，酌情扣 10~20 分； (4) 随意走动，无所事事，不刻苦钻研，酌情扣 5~10 分； (5) 不思进取，无理取闹，违反安全规范，取消实训资格，当天实训课题 0 分	倒扣分		
6	课堂异常情况记录					
备注			合计	100		
额定时间：根据项目难易程度	开始时间		结束时间	考评员或任课教师签字		年 月 日

➤ 相关知识点

一、组态技术概述

组态控制技术是一种计算机控制技术。利用组态控制技术构成的计算机测控系统与一般计算机系统在结构上没有本质上的区别，它们都由被控对象、传感器、I/O 接口、计算机和执行机构几部分组成。

传感器的作用是对被控对象的各种参数进行检测。通过传感器，计算机能"感知"生产进行的情况，将参数在显示器上显示。根据参数实际值与设定值的偏差，按照一定的控制算法发出控制命令，控制执行机构的动作，从而完成控制任务。传感器、执行机构一般置于生产现场，和被控对象连在一起，也称为现场设备。采用组态技术的系统，计算机一般都置于控制室。

计算机只能接收数字信号，而通常传感器发出的多是电压、电流、电阻等模拟信号，执行机构也需要接收模拟信号（电压、电流等），计算机和传感器及执行器之间需要 I/O 接口设备来进行信号的转换与联系，因此 I/O 设备是沟通计算机和现场设备的桥梁。I/O 接口里主要的部件常常是用来将模拟量转换成数字量的 A/D 转换器、将数字量变换成模拟量的 D/A 转换器，对开关量进行信号隔离的光电隔离器等。I/O 设备可安装在计算机里（如各种 I/O 板卡）、计算机外的控制室里（如带通信接口的智能仪表），也可安装在现场（如智能传感变送器、I/O 模块）。

组态控制技术相对于传统计算机控制技术的优点有：

（1）在硬件设计上。采用组态技术构成计算机系统在硬件设计上，除采用工业

PC 机外，系统大量采用各种成熟通用的 I/O 接口设备和现场管理，基本上不再需要单独进行具体电路设计。节约了硬件开发时间，更提高了工控系统的可靠性。

（2）在软件设计上。由于采用成熟的工控专用组态软件进行系统设计，软件开发周期大大缩短。为用户提供了多种通用工具模块，用户不需要掌握太多的编程语言技术，就能很好地完成一个复杂工程所要求的所有功能。系统设计人员可以把更多的注意力集中在如何选择最优的控制方法，设计合理的控制系统结构，选择合适的控制算法等这些提高控制品质的关键问题上。

（3）管理上。用组态软件开发的系统具有与 Windows 一致的图形化操作界面，非常便于生产的组织与管理。

组态技术是计算机控制技术综合发展的结果，是技术成熟化的标志。由于组态技术的介入，计算机控制系统的应用速度大大加快了，常用于组态控制技术的计算机系统和组态软件。一般来说，只要采用 IPC，选择通用接口部件和组态软件，这样构成的系统都是基于组态控制技术的。一般组态软件的功能有数据采集与处理、画面设计、动画显示、报表输出、报警处理和流程控制等。

二、触摸屏概述

（一）触摸屏的概念

触摸屏是一种定位设备，用户可以直接用手向计算机输入坐标信息，它和鼠标、键盘一样，是一种输入设备。触摸屏具有坚固耐用、反应速度快、节省空间、易于交流等许多优点。利用这种技术，只要用手指轻轻地指碰计算机显示屏上的图符或文字就能实现对主机操作，从而使人机交互更为直截了当，这种技术极大方便了不懂电脑操作的用户。

（二）触摸屏基本原理

触摸屏的基本原理是用手指或其他物体触摸安装在显示器前端的触摸屏时，所触摸的位置（以坐标形式）由触摸屏控制器检测，并通过接口（如 RS-232 串行口）送到 CPU，从而确定输入的信息。触摸屏的本质是传感器，它由触摸检测部件和触摸屏控制器组成。触摸检测部件安装在显示器屏幕前面，用于检测用户触摸位置，接收后送触摸屏控制器；触摸屏控制器的主要作用是从触摸点检测装置接收触摸信息，并将它转换成触点坐标送给 CPU，同时能接收 CPU 发来的命令并加以执行。

（三）触摸屏主要种类

目前，根据传感器的类型，触摸屏大致分为红外线式、电阻式、表面声波式和电容式触摸屏四种。其中，电阻式、表面声波式和电容式触摸屏使用较为广泛。

（1）红外线式触摸屏。红外线式触摸屏在显示器的前面安装一个电路板外框，电路板在屏幕四边排布红外发射管和红外接收管，一一对应形成横竖交叉的红外线矩阵。用户在触摸屏幕时，手指就会挡住经过该位置的横竖两条红外线，因而可以判断出触摸点在屏幕的位置。任何触摸物体都可改变触点上的红外线而实现触摸屏操作。红外触摸屏不受电流、电压和静电干扰，适宜某些恶劣的环境条件。其主要优点是价格低廉、安装方便、不需要卡或其他任何控制器，可以在各种档次的计算机上应用。

（2）电阻式触摸屏。电阻式触摸屏的主要部分是一块与显示器表面非常配合的电阻薄膜屏，在强化玻璃表面分别涂上两层 OTI 透明氧化金属导电层，利用压力感应进行控制。当手指触摸屏幕时，两层导电层在触摸点位置就有了接触，电阻发生变化。在 X 和 Y 两个方向上产生信号，然后传送到触摸屏控制器。控制器侦测到这一接触并计算出 (X, Y) 的位置，再根据模拟鼠标的方式运作。电阻式触摸屏不怕尘埃、水及污垢影响，能在恶劣环境下工作。由于复合薄膜的外层采用塑胶材料，抗爆性较差，因此使用寿命受到一定影响。

（3）表面声波式触摸屏。表面声波是一种沿介质表面传播的机械波，这种触摸屏的角上安装有超声波换能器，能发送一种高频声波跨越屏幕表面。当手指触及屏幕时，触点上的声波即被阻止，由此确定坐标位置。表面声波式触摸屏不受温度、湿度等环境因素影响，分辨率极高，有极好的防刮性，寿命长，透光率高，能保持清晰透亮的图像质量，最适合公共场所使用。但尘埃、水及污垢会严重影响其性能，需要经常维护，保持屏面的光洁。

（4）电容式触摸屏。这种触摸屏是利用人体的电流感应进行工作的，在玻璃表面贴上一层透明的特殊金属导电物质，当有导电物体触碰时，就会改变触点的电容，从而可以探测出触摸的位置。但用戴手套的手或手持不导电的物体触摸时没有反应，这是因为增加了更为绝缘的介质。电容触摸屏能很好地感应轻微及快速触摸，防刮擦，不怕尘埃、水及污垢影响，适合恶劣环境下使用。由于电容随温度、湿度或环境电场的不同而变化，故其稳定性较差，分辨率低，易漂移。

（四）触摸屏核心技术

触摸屏的核心技术主要是原材料的选择及工艺良品率的控制。采购时应关注的主要技术指标有透光率、寿命、环境条件、线性度（电阻屏）、分辨率等。目前的技术难点在解决漂移问题，提高产品的线性度。触摸屏技术改进主要有四个方向：

（1）提高膜的防划伤能力；

（2）向全塑料方向（优点是轻、低损、可弯曲）发展；

（3）提高透光率（加上偏光板、加入 AR 防止低反射）；

（4）尺寸、接口标准化。

三、PanelView Component HMI

微课—PLC
威纶触摸屏 1

微课—PLC
威纶触摸屏 2

微课—PLC
威纶触摸屏 3

（一）基本介绍

PanelView Component 人机界面解决方案的特点，主要体现在它的设计与开发环境上。

（1）直接通过浏览器 Microsoft Internet Explorer 7.0 或 Mozilla FireFox 连线。

（2）无须在计算机上安装其他软件，在 CCW 软件中可对触摸屏进行设计和开发。

（3）特别方便技术工程师进行现场诊断或修改，主要体现在：

1）所见即时显示；

2）在设计或组态时自动地配合 PanelView 固件；

3）不会再有软件不配的情况出现；

4）无须再有升级软件的烦恼。

PanelView Component 终端是连接到控制器上对设备进行监视和控制的操作员接口设备，将计算机连接到终端上就可以利用 Web 应用程序创建 HMI 项目。PanelView Component C200 和 C300 终端，如图 6-17 所示；PanelView Component C600 和 C1000 终端，如图 6-18 所示。

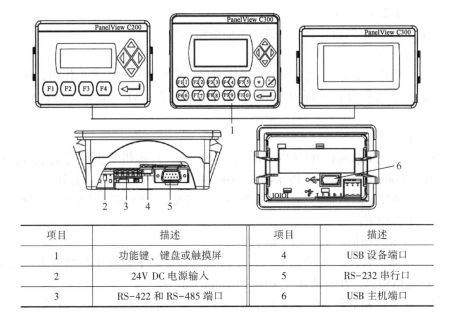

项目	描述	项目	描述
1	功能键、键盘或触摸屏	4	USB 设备端口
2	24V DC 电源输入	5	RS-232 串行口
3	RS-422 和 RS-485 端口	6	USB 主机端口

图 6-17　PanelView Component C200 和 C300 终端外观及描述

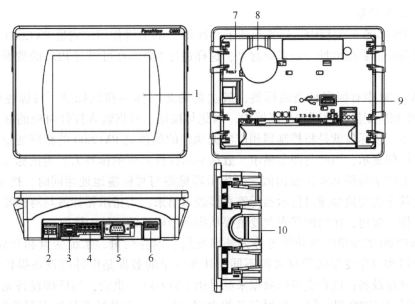

项目	描述	项目	描述
1	触摸屏	6	USB 设备端口
2	24V DC 电源输入	7	诊断状态指示灯
3	10/100Mbit 以太网端口	8	可更换的实时时钟电池
4	RS-422 及 RS-485 端口	9	USB 主机端口
5	RS-232 串行口	10	安全数字（SD）卡槽

图 6-18　PanelView Component C600 和 C1000 终端外观及描述

（二）创建应用项目

点击"创建 & 编辑"选项，进入画面编辑窗口。

1. 设置选项

点击"设置"选项，该选项的设置将对项目中的所有画面产生作用，属于全局设置。它包括两部分：一部分是开发阶段界面设置；另一部分是运行阶段界面设置。

2. 通信设置

PanelView Componet 600（以下简称"PVC600"）提供了多种通信端口，可以通过 CIP（Common Industnal Protocol）、DEI 协议和 DH485 协议进行通信。

下面介绍使 PanelView Component Terminal 与 Micro850 控制器通过以太网建立通信连接，步骤如下：

（1）点击"通信"打开通信组态窗口；

（2）选择"协议"下的以太网，在以太网后面的下拉框中包括很多厂家定义的以太网通信协议，在此选择"Allen-Bradley CIP"；

（3）在"控制器设置"选项中进行下面三个操作：接受默认的控制器名称或者手动输入控制器名称（PLC-1），选择控制器类型为 Micro800，输入控制器的 IP 地址。

3. 创建标签

在 PVC600 的编程中，标签起到了"纽带"的关键作用。它使 PVC600 中的变量和控制器的数据地址一一对应起来，这样通过 PVC600 可以对 PLC 的数据地址进行监控。

PVC600 中有很多种类的标签，最主要的是写标签和读标签。写标签就是将 PVC600 相应变量的值写到控制器中，因此与按钮、数据输入控件对应的标签大多为写标签。读标签就是将控制器相应数据地址的值读到 PVC600 的相应变量中，以完成数据的显示，因此与图形显示、数据显示控件对应的标签大多为读标签。指示器标签的用法与瞬动按钮很相似。当指示器标签与写标签地址相同时，按下按钮，按钮的状态改变值会通过指示器标签直接表示出来；当指示器标签与写标签地址不同时，按下按钮，按钮的状态改变值要从指示器标签的地址中读取。

PVC600 的变量按照功能可分为外部变量、内存变量、系统变量和全局连接。外部变量和内存变量的数据来源不同，外部变量的数据是由外部设备提供的，如 PLC 或其他设备；内存变量的数据来源是由 PVC600 提供的，与外部设备无关。系统变量是 PVC600 提供的一些预定义的中间变量。每个系统变量均有明确的意义，可以提供现成的功能，系统变量由 PVC600 自动创建，组态人员不能创建系统变量，但可使用由 PVC600 创建的系统变量，系统变量以"＄"开头，以区别于其他变量。

（三）创建界面

PVC600 中按钮分为瞬动（Momentary）、保持（Maintained）、锁存（Latched）和多态（Multistate）四种类型。

（1）瞬动按钮：按下时改变状态（断开或闭合），松开后返回到其初值。

（2）保持按钮：按下时改变状态，松开后保持改变后的状态。

（3）锁存按钮：按下后将该位锁存为 1，若要对该位复位必须由握手位（Handshake Tag）解锁，握手位的设定在该按钮的属性中进行。

（4）多态按钮：有 2~16 种状态。每次按下并松开后，它就变为下一状态。在到达最后一个状态之后，按钮回到初值。

（5）触点类型有：

1）常开触点（Normally Open Contacts）：逻辑值 0 为初值，按下后变为 1；

2）常闭触点（Normally Close Contacts）：逻辑值 1 为初值，按下后变为 0。

四、PanelView 800 触摸屏与 Micro800 控制器的通信

（1）可视化项目的创建。在设备工具箱中选择"图形终端"→"PanelView 800"→"2711R-T7T"，双击创建可视化项目。

（2）图形终端配置。双击可视化项目名"PV800_App1 *"，选择"通信协议"，找到控制器通信地址，例如以太网通信。

（3）CCW 软件对触摸屏编程。双击画面选择横、竖模式。在"screen1"中添加需要的控制图形元件，例如：保持按钮和直接线圈，双击按钮进入"图形自定义设计"，选择背景颜色等，按"确定"键。右键点击图形元件，属性一栏在窗口右侧，元件属性中写标签（新建），使图形元件与梯形图中全局变量链接。此处应注意，在设计梯形图程序的时候应尽量将图形终端的链接变量设为全局变量。双击"项目管理器"下的标签，对标签地址与对应的控制器（PLC-1）进行设定。其他的设置几乎和瞬时按钮一样，只要填写好定义的标签即可。需要双击"趋势图"进行设置要读取的标签。

（4）程序的下载和测试。右键点击"图形终端项目"→"验证"，无错后，在梯形图程序已经下载到 Micro850 上后，右键点击"PV800-APP1"→"下载"，找到目标"2711R-T7T"。

> 思考与练习

（1）某工厂有三台电动机 M1、M2、M3，组态控制要求如下：

1）系统进入初始画面，注明"欢迎进入五星机械厂监控系统"，该画面可选择进入"自动""手动"两个监控画面。

2）手动画面。可手动对三台电动机进行控制，M1、M2 要求能手动启动和停止，M3 要求可手动对电动机进行正、反转启动和停止。电动机状态变化用颜色表示。

3）自动画面。按启动按钮，电动机 M1 启动，4s 后 M2 自动启动，6s 后 M3 自动正转启动，按停止按钮，三台电动机停止。M1 电动机要求有电流监控，设计模拟电流输入和输出显示，当电流大于 10A 时，有报警指示和报警记录。

对以上控制进行组态设计，并进行模拟调试。

（2）用触摸屏、PLC 与变频器实现一台电动机的 15 段调速控制，按下启动触摸键后，电动机运行在 5Hz 所对应的转速状态，触摸屏上分别有 14 个按钮控制 15 种电动机运转状态，其他频率由自己决定，但控制范围在 0~50Hz，可以正反转控

制。要求画出硬件接线图，编写 PLC 控制程序，画出触摸屏控制界面。

（3）第五届"A-B 杯"全国大学生自动化系统应用大赛全国总决赛任务书。

1）实现 CompactLogix 自动化可编程控制器与 Micro820 可编程逻辑控制器在工业以太网上的通信。在大赛演示箱设备上，有三个对射激光光电传感器（传感器 1、传感器 2 和传感器 3），它们的接收端分别连接至 Micro820 的三个开关量输入端子上（IN 4、IN 5 和 IN 6），CompactLogix 控制器需要得到来自这三个传感器的输入值，以便进行系统监测和控制，被控对象如图 6-19 所示。

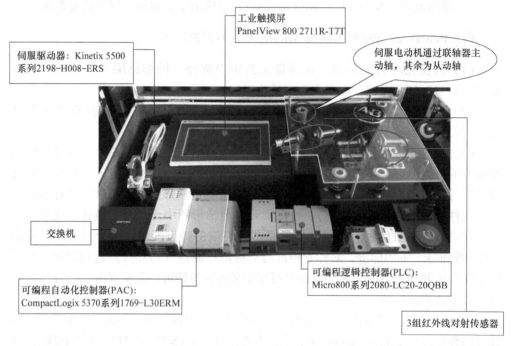

图 6-19　被控对象

2）CompactLogix 控制器的产品目录号是 1769-L30ERM，版本 30，IP 地址是 192.168.1.5；Micro820 控制器的产品目录号是 2080-LC20-20QBB，版本 10，IP 地址是 192.168.1.3。

3）请通过编程使 CompactLogix 控制器从 Micro820 控制器中读取这三个传感器的输入值。在 CompactLogix 控制器中，请将这三个传感器的输入量布尔型标签名（变量名）分别定义为 Sensor1_Data_CMX、Sensor2_Data_CMX 和 Sensor3_Data_CMX。

4）CompactLogix 控制器会将这三个传感器的输入值自动显示在 PanelView 800 触摸屏人机界面上，组态画面如图 6-20 所示。

（4）升降机监控系统组态设计：

1）界面设计要求。界面参考图如图 6-21 所示，也可以根据下面提出的要求，自行设计界面及动画效果。

①要求包含系统电梯、指示灯、按钮、限位开关等元件。

②能够实现电梯升降变化、各元件开闭及指示灯变化的动画效果。

③进行用户权限分配及工程密码设定。

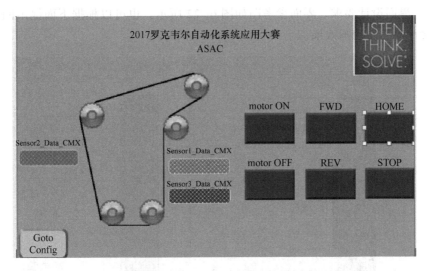

图 6-20　第五届"A-B 杯"组态画面

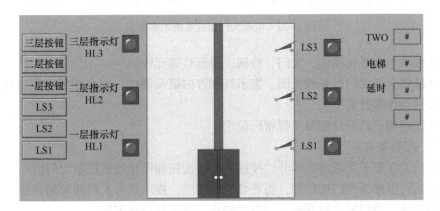

图 6-21　升降机监控系统组态画面

2）控制要求：

①当升降机停于一层或二层时，按三层按钮呼叫，则升降机上升至 LS3 停止；

②当升降机停于三层或二层时，按一层按钮呼叫，则升降机下降至 LS1 停止；

③当升降机停于一层时，按二层按钮呼叫，则升降机上升至 LS2 停止；

④当升降机停于三层时，按二层按钮呼叫，则升降机下降至 LS2 停止；

⑤当升降机停于一层，而二层、三层按钮均有人呼叫时，升降机上升至 LS2 时，在 LS2 暂停 10s 后，继续上升至 LS3 停止；

⑥当升降机停于三层，而二层、一层按钮均有人呼叫时，升降机下降至 LS2 时，在 LS2 暂停 10s 后，继续下降至 LS1 停止；

⑦当升降机上升或下降途中，任何反方向的按钮呼叫均无效；

⑧在计算机中显示自动升降机工作状态。

（5）电动大门监控系统组态设计。

1）界面设计要求。界面参考图如图 6-22 所示，也可以根据下面提出的要求，自行设计界面及动画效果。

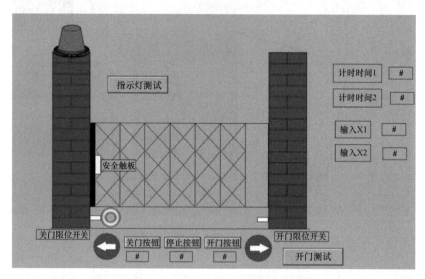

图 6-22 　电动大门监控系统组态画面

①要求包含系统墙体、大门、按钮、警示灯等元件。

②能够实现大门打开和关闭、警示灯和方向箭头动作、安全触板和限位开关动作、按钮动作等效果。

③进行用户权限分配及工程密码设定。

2）控制要求：

①门卫在警卫室通过操作开门按钮、关门按钮和停止按钮控制大门。

②当门卫按下开门按钮后，报警灯开始闪烁，提示所有人员和车辆注意。5s 后门开始打开，当门完全打开时，门自动停止，报警灯停止闪烁。

③当门卫按下关门按钮时，报警灯开始闪烁；5s 后门开始关闭，当门完全关闭时，门自动停止，报警灯停止闪烁。

④在门运动过程中，任何时候只要门卫按下停止按钮，门马上停在当前位置，报警灯停闪。

⑤关门过程中，只要门夹住人或物品，门立即停止运动，以防发生伤害。

⑥能在计算机上动态显示大门运动情况。

（6）机械手监控系统组态设计：

1）界面设计要求。界面参考图如图 6-23 所示，也可以根据下面提出的要求，自行设计界面及动画效果。

①要求包含系统机械手、工件、操作台、指示灯、按钮等元件。

②能够实现工件动作、机械手动作、指示灯、按钮的动画效果。

③进行用户权限分配及工程密码设定。

2）控制要求：

①按下启动/停止按钮 SB1 后，机械手下移 5s→夹紧 2s→上升 5s→右移 10s→

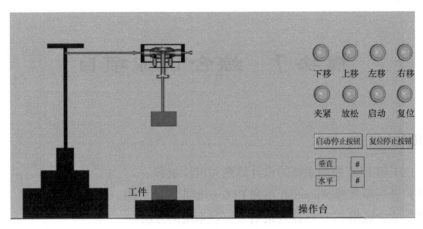

图 6-23　机械手监控系统组态画面

下移 5s→放松 2s→上移 5s→左移 10s，最后回到原始位置，自动循环；

②松开"启动/停止"按钮，机械手停在当前位置；

③按下"复位停止"按钮 SB2 后，机械手在完成本次操作后，回到原始位置，然后停止；

④松开"复位停止"按钮 SB2，退出复位状态。

模块 7 综合训练项目

- **知识目标**

　　(1) 了解 PLC 控制系统的设计原则和设计步骤。
　　(2) 进一步掌握 Micro850 系列 PLC 功能指令的应用。
　　(3) 学会运用 PLC 设计复杂电气控制系统的方法。
　　(4) 了解降低 PLC 控制系统硬件费用和提高系统可靠性的方法。

- **技能目标**

　　(1) 学会根据任务要求，进行 PLC 选型、硬件配置和 PLC 的安装。
　　(2) 掌握复杂 PLC 控制系统设计方法，并能对复杂梯形图程序进行仿真调试。
　　(3) 掌握对 PLC 复杂控制系统进行综合调试的能力。
　　(4) 学会运用 PLC 知识解决实际工程问题。

- **思政引导**

　　"人造太阳"一般是指"国际热核聚变实验堆（ITER）计划"。ITER 装置是能够产生大规模核聚变反应的"超导托卡马克"，也就是人们经常说的"人造太阳"，是由美国、欧盟、俄罗斯、中国、韩国、日本、印度共同合作的项目，中国负责国际热核聚变实验堆中一些项目。

　　除了与美国、欧盟、俄罗斯、韩国、日本、印度等国家和地区共同参与"人造太阳"的工程之外，我国国内也有相关的"人造太阳"项目在进行着，早在 2013年 1 月的时候，中国科学院合肥物质科学研究院宣布，我国"人造太阳"实验装置辅助加热工程中的"中性束注入体系"在综合测试平台上，首次成功突破 100s 长脉冲氢中性束引出。

　　2017 年中国科学院等离子体物理研究所宣布，被称为人造太阳的我国超导托卡马克实验装置 EAST，在全球首次实现了 5000 万摄氏度等离子体持续放电 101.2s 的高约束运行，创造了世界之最。2020 年 12 月 4 日，中国新一代"人造太阳"装置（中国环流器二号 M 装置）不仅在成都落成，而且还实现了首次放电。值得一提的是，我国"人造太阳"在 2021 年成功实现了可重复的 1.2 亿摄氏度 101s、1.6 亿摄氏度 20s 等离子体运行，而这样的成绩，无疑是创造托卡马克实验装置运行新的世界纪录，直接打破了法国在 2003 年创下的世界纪录。简单来说，当前我国的"人造太阳"技术在全世界排名第一位。

任务 7.1　四层电梯控制系统设计

7.1.1　任务描述

电梯作为现代高层建筑的交通工具，与人们的生活紧密相关，随着人们对电梯运行安全性、高效性、舒适性等要求的不断提高，电梯得到快速发展。其拖动技术已经发展到了调频调压调速，逻辑控制也由 PLC 代替原来的继电器控制。本任务考虑到载客电梯的实际操作功能，又兼顾电梯控制中具有递推功能，所设计的控制系统针对的是四层电梯。代替传统的继电控制系统，由变频器实现对电梯的拖动调速，使 PLC 与调速拖动装置相结合，构成 PLC 集选控制系统，实现了电梯的各种控制功能，提高了电梯运行的可靠性，降低了故障率。

有一栋四层办公楼，要求装配一个电梯。其电梯系统的控制要求如下：

（1）开门控制。当某一楼层的指示灯持续亮时，表示该层正在进行开门、延时、关门。为了实现电梯的安全运行，电梯的开、关门信号与故障报警信号应该是互锁的，当故障报警信号有效时，开门、关门信号都不能实现，楼层指示灯不会亮。

（2）内外呼叫控制。在电梯内各层呼叫控制中，当有乘客按下某层的呼叫按键时，使相应的指示灯亮，但不能立即启动电梯。其呼叫信号一直保持到电梯到达位层后且呼叫信号与电梯运行方向相同时才被撤销。

（3）上下行控制。电梯在一层、二层、三层、四层楼分别设置一个呼叫按钮。假设电梯在收到呼叫信号后以 5s/层的速度运动，用楼层灯的闪烁表示电梯在运动中。上行、下行指示灯不能同时亮，一层、二层、三层、四层楼指示灯不能同时亮，在一个呼叫请求完成以前，不接收新的呼叫请求。当故障报警信号有效时，任何动作都无效，指示灯灭。在上下行的同时，在电梯的运行中由变频器速度给定，图 7-1 为电梯速度运行曲线。

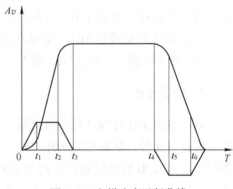

图 7-1　电梯速度运行曲线

7.1.2　项目分析

电梯是根据外部呼叫信号及自身控制规律运行的，而呼叫是随机的，单纯用顺序控制或逻辑控制是不能满足控制要求的。

7.1.3　任务实施

（1）系统硬件设计：

1）可编程控制器（PLC）的选型；

2）变频器的选型；

3）电机选型；

4）传感器选型。

（2）外部接线图设计。

（3）程序设计：

1）I/O 分配表；

2）梯形图设计；

3）程序调试，系统运行。

任务 7.2　恒压供水控制系统设计

7.2.1　任务描述

随着变频器技术的发展和人们节能意识的不断增强，变频恒压供水系统的节能特性使得其越来越广泛地应用于住宅小区、高层建筑的生活及消防供水系统。下面设计一个变频恒压供水控制系统，要求是：

（1）在供水管道上，安装一只压力变送器，提供恒压供水的反馈信号。

（2）在系统反馈信号未达到设置时，指示灯 HL1（红灯）亮，变频器控制电动机加速给系统供水，供水压力逐渐加大；当压力反馈信号大于设定值时，指示灯 HL2（黄灯）亮，变频器控制电动机使得供水压力逐渐减小；这样使得供水压力控制在设定值附近，指示灯 HL3（绿灯）亮，实现变频恒压供水。

（3）按下启动按钮 SB1，变频恒压供水系统开始工作，工作指示灯 HL4 亮；按下 SB2，则系统停止工作，HL4 熄灭。

7.2.2　项目分析

对设备的工作过程进行分析可知，要保持水压的恒定，就必须对水压反馈值与给定值进行比较，从而形成闭环系统。水压反馈值由安装在供水管道上的压力变送器提供，经 A/D 转换模块将其提供的模拟信号转换成数字信号，再经 PID 运算处理后，输出 5V 或 10V 的电压信号，用于控制变频器实现恒压供水。所以本任务实际上是将压力变送器的模拟信号通过 A/D 转换器转换成数字信号传送给 PLC 进行 PID 处理，PLC 输出的信号又通过 D/A 转换器转换成电压信号控制变频器驱动水泵，实现变频器恒压供水。

7.2.3　任务实施

（1）电路的设计与绘制：

1）主电路设计与绘制；

2）确定 PLC 的输入/输出点数；

3）列出输入/输出地址分配表；

4）控制电路设计与绘制。

（2）控制线路外部接线图绘制。

（3）安装电路：

1）元器件检查；

2）安装元器件；

3）布线；

4）自检。

（4）程序设计。

（5）变频器参数设置。

（6）调试。

任务 7.3　工业洗衣机控制系统设计

7.3.1　任务描述

波轮式全自动洗衣机的洗衣桶（外桶）和脱水桶（内桶）是以同一中心安装的。外桶固定，作为盛水用，内桶可以旋转，作为脱水（甩干）用。内桶的四周有许多小孔，使内、外桶的水流相通。洗衣机的进水和排水分别由进水电磁阀和排水电磁阀控制。进水时，控制系统使进水电磁阀打开，将水注入外桶；排水时，控制系统使排水电磁阀打开，将水由外桶排到机外。洗涤和脱水由同一台电动机拖动，通过电磁离合器来控制，将动力传递给洗涤波轮和甩干桶（内桶）。电磁离合器失电，电动机带动洗涤波轮实现正、反转，进行洗涤；电磁离合器得电，电动机带动内桶单向旋转，进行甩干（此时波轮不转）。水位高低分别由高低水位开关进行检测。启动按钮用来启动洗衣机工作。启动时，首先进水，到高水位时停止进水，开始洗涤。正转洗涤 15s，暂停 3s 后反转洗涤 15s，暂停 3s 再正转洗涤，如此反复 30次。洗涤结束后，开始排水，当水位下降到低水位时，进行脱水（同时排水），脱水时间为 10s。这样完成一次从进水到脱水的大循环过程。经过 3 次上述大循环后（第 2 次、第 3 次为漂洗），完成洗衣进行报警，报警 10s 后结束全过程，自动停机。

7.3.2　项目分析

将整个控制过程按任务要求分解，其中的每一个工序都对应一个状态。搞清楚每个状态的功能、作用，找出每个状态的转移条件和方向，即在什么条件下将下一个状态"激活"。状态的转移条件可以是单一的触点，也可以是多个触点的串联、并联电路的组合。根据控制要求或工艺要求，画出状态转移图。

7.3.3　任务实施

（1）按照控制要求设计 Micro850 控制器的输入/输出（I/O）地址分配表。

（2）按照控制要求进行 Micro850 控制器的输入/输出（I/O）接线图的设计。

（3）将编写好的程序录入到 CCW 编程软件，并进行程序的下载及运行。

（4）根据任务要求对程序进行模拟调试。

（5）完成模块的任务评价。

任务 7.4　啤酒生产线控制系统设计

7.4.1　任务描述

视频—啤酒
生产线控制
系统设计

啤酒生产是我国的一个传统产业，随着国民经济的发展和人民生活的改善，我国啤酒工业得到了空前的发展。近年来，我国的啤酒需求量日趋增大，随着市场竞争的加剧和消费群体的日益成熟，对啤酒的质量和风味的要求也越来越高。但是我国的啤酒生产业目前还存在许多不可忽略的问题，比如说生产效率低下、自动化程度不高、排污量大等。近几年自动化水平不断发展，在啤酒企业得到了更为广泛的应用和发展。所以本任务针对自动化啤酒生产流程进行分析探究，制作一个简易的自动化生产啤酒的综合设计。

根据啤酒企业的详细生产过程及生产工艺，设计包括原料粉碎、麦汁制备、啤酒酿造、啤酒灌装等生产流程，利用 AB PLC 的 Modbus 协议进行了系统的联机，并使用威纶触摸屏进行实时监控。

根据啤酒企业的详细生产过程及生产工艺，设计包括原料粉碎、麦汁制备、啤酒酿造、啤酒灌装等生产流程，利用 AB PLC 的 Modbus 协议进行系统的联机，使用触摸屏进行实时监控，以实现数据信息的可视化。可以采用四台 Micro850 控制器，选取一台作为主站，负责啤酒的原料粉碎工作，包含去杂、干燥、储存等流程操作；选取一台作为第一台从站，负责啤酒的麦汁制备，其中包含糊化、糖化、过滤、煮沸、沉淀、冷却等操作流程；选取一台作为第二台从站，负责啤酒的酿造流程，包含酵母扩培、发酵、啤酒过滤等操作流程；最后一台作为第三台从站，负责啤酒的灌装操作，包含啤酒入瓶、压盖、贴标、装箱等流程。这一系列流程的状态都将实时通过触摸屏显示监控，做到四台 PLC 之间的实时高效通信。

7.4.2　项目分析

一个完整的啤酒生产过程通常可以分为粉碎、麦汁制备、啤酒酿造、啤酒灌装和公共工程五个工段，涉及的主要原材料有大麦、水、酒花、酵母等，还有一些辅料如玉米、大米、小麦。生产啤酒的一般流程如图 7-2 所示。

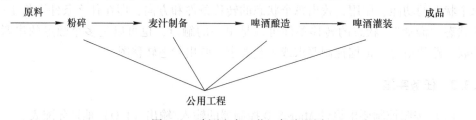

图 7-2　啤酒生产工艺一般流程图

（1）粉碎：大麦运输至麦芽厂进行清洗和分级去除非大麦颗粒，如麦秆、木块、铁钉、石头等，然后对大麦进行干燥和储存处理，并进行浸泡，使大麦中原有的酶恢复活性并开始发芽，最后将生产出的麦芽进行干燥冷却去除根芽进行储存。

（2）麦汁制备：麦汁制备又称为糖化过程，就是将麦芽中的非水溶性组分转化成水溶性组分，特别是可发酵性糖，此过程是在糖化车间进行。糖化流程通过粉碎工段的麦芽粉碎物和水在糖化车间混合投料，通过糖化锅和糊化锅尽可能分解原料内容物质，然后物料通过过滤槽，使麦汁中的可溶性浸出物和非水溶性的麦糟物质分离。分离的麦汁和酒花在麦汁煮沸锅中煮沸，借此赋予啤酒苦味。煮沸后的热麦汁进入到沉淀槽中，使热麦汁中的凝固物和麦汁分离并沉降，分离出的麦汁进行冷却，至此糖化过程结束。

（3）啤酒酿造：啤酒酿造又称为发酵过程，是使糖化过程结束后的麦汁向啤酒转化，麦汁中所含的糖分是在酵母中酶的作用下发酵成乙醇和二氧化碳的过程。许多啤酒厂主酵和后酵过程是在主酵间和后酵间进行，而现代化啤酒厂的主酵和后酵过程则在锥形罐中进行。主酵、后酵和储藏结束后的啤酒通过过滤机过滤，从而提高胶体稳定性，必要时还会经过瞬时高温杀菌机来提高生物稳定性，然后灌装。

（4）啤酒灌装：过滤好的啤酒从清酒罐分别装入瓶、罐或桶中，经过压盖、生物稳定处理、贴标装箱成为成品啤酒或直接作为成品啤酒出售。啤酒灌装的形式有瓶装（玻璃、聚酯塑料）、罐（听）装、桶装等。再加上瓶子形状、容量的不同、标签、颈套和瓶盖的不同及外包装的多样化，从而构成了市场中琳琅满目的啤酒产品。此外，由于纯生啤酒的兴起，无菌灌装受到重视。包装的工艺流程为选瓶机进行选瓶，验瓶机验瓶，然后通过灌装机将滤清啤酒和二氧化碳灌装到啤酒瓶中，再进行压盖、验酒、贴标等过程，最后将瓶装啤酒装箱完成啤酒的灌装过程。

（5）公用工程：公用工程是指一次供能设备、二次供能设备和环境保护设备，这是包括啤酒生产企业在内的所有工厂都必须配备的基础设备。它是生产的动力来源，重要性如同人的心脏，必须分分秒秒保持正常、安全运行。

7.4.3　任务实施

（1）系统硬件设计：

1）可编程控制器（PLC）的选型；

2）变频器的选型；

3）电动机选型；

4）传感器选型。

（2）外部接线图设计。

（3）程序设计：

1）I/O 分配表；

2）梯形图设计；

3）程序调试，系统运行。

任务7.5　轿车喷漆流水线控制系统设计

7.5.1　任务描述

如图7-3所示为某轿车喷漆流水线控制系统工作示意图，下面用Micro850系列PLC对该控制系统进行设计并实施。

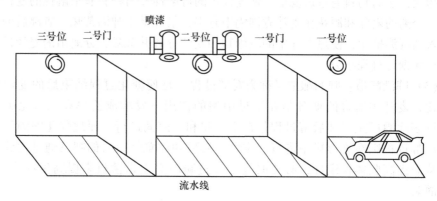

图7-3　轿车喷漆流水线控制系统示意图

参照常用汽车喷漆流水线控制系统工艺流程，该控制系统的控制功能设定如下：

（1）控制系统停止工作时，可根据需要利用两个按钮设定待加工的轿车台数（0~99），并通过另一个按钮切换显示设定数、已加工数和待加工数。

（2）按启动按钮传送带转动，轿车到一号位，发出一号位到位信号，传送带停止；延时1s，一号门打开；延时2s，传送带继续转动；轿车到二号位，发出二号位到位信号，传送带停止转动，一号门关闭；延时2s后，打开喷漆电动机进行喷漆操作，延时6s后停止喷漆。同时打开二号门，延时2s后，传送带继续转动；轿车到三号位，发出三号位到位信号，传送带停止，同时二号门关闭，且计数一次，延时4s后，再继续循环工作，直到完成所有待加工轿车后全部停止。

（3）按暂停按钮后，整个工艺暂停加工，再按下启动按钮后才继续运行。

7.5.2　任务实施

（1）I/O地址分配。
（2）硬件接线图设计。
（3）控制程序设计。
（4）系统仿真调试。

7.5.3　扩展案例

试用PLC设计某投币洗车机控制系统，具体要求如下：

（1）司机每次投入5元，再按下喷水按钮即可喷水洗车5min，使用时限为 10min。

（2）当洗车机喷水时间达到 5min 时，洗车机结束工作；当洗车机喷水时间未达到 5min，而洗车机使用时间达到了 10min，洗车机停止工作。

任务 7.6　MBR 膜废水处理控制系统设计

7.6.1　任务描述

视频—MBR
膜废水处理
控制系统
设计

MBR 膜生物处理技术（Membrane Bio-Reaetors），是将膜的高效分离与污水的生物降解作用相结合起来的工艺技术。MBR 明显可以提高出水水质并因可取消沉淀池等而大大节省用地，通过 MBR 在污水回用中的实践经验表明，其具有常规处理无法比拟的优势，在污水回用市场之发展潜力较高，应用前景也较广。MBR 膜处理废水工艺流程如图 7-4 所示。

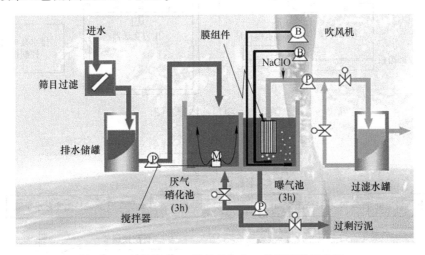

图 7-4　现代 MBR 膜处理废水工艺的流程示意图

本任务主要模拟了废水处理系统中的格栅池、污水提升泵、MBR 池抽吸泵。由于膜污染和高昂的投资费用是影响膜生物反应器进一步推广应用的主要因素，对此，市面上很多都是通过对 MBR 膜进行定时的自动清洗来减小膜的损坏。本设计通过对 MBR 反应池的污水容量进行检测，确定不同污水容量对 MBR 膜质量的损害程度不同，对反应池的污水容量进行人为的自定义调控，从而延长 MBR 膜的使用寿命。

其中，系统控制器为 AB PLC 中的 Micro850 控制器，AB 变频器 PowerFlex525，人机界面为威纶触摸屏。同时，利用水箱、水泵及压力变送器构成了废水处理系统。先人为输入一个水量值，通过压力变送器对水位的检测，将数据传输给 PLC 的模拟量模块，经 PLC 进行各种算术计算，进行负反馈调节，由此控制进水、排水，使水箱水量达到预期值并保持稳定。图 7-5 为项目整体分布图，图 7-6 为项目流程控制图，图 7-7 为外部接线图。

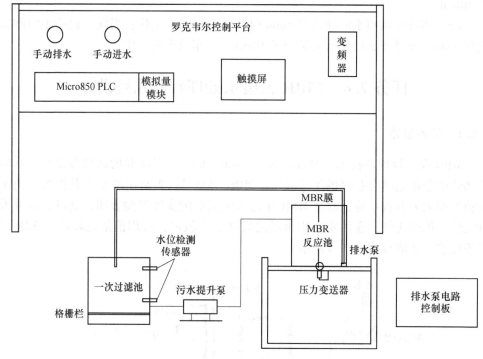

图 7-5　项目整体分布图

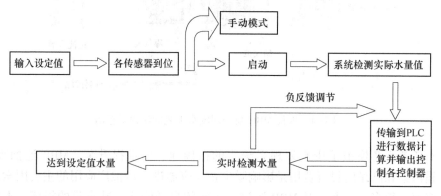

图 7-6　项目运行控制流程图

7.6.2　任务实施

（1）系统硬件设计：

1）可编程控制器（PLC）的选型；

2）变频器的选型；

3）电机选型；

4）传感器选型。

（2）外部接线图设计。

（3）程序设计：

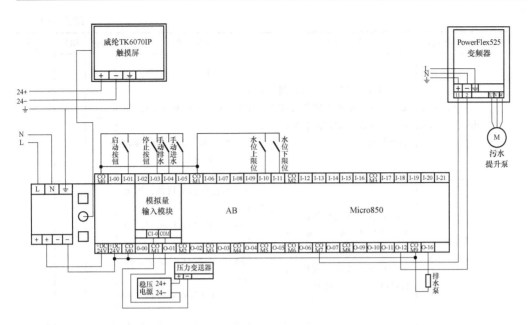

图 7-7　外部接线图

1）I/O 分配表；

2）梯形图设计；

3）程序调试，系统运行。

> 任务评价

表 7-1 为课程专业能力评分表。

表 7-1　"××"课程专业能力评分表

模块名称：_____

班级：_____　　小组：_____　　完成成员：_____

序号	主要内容	考核要求	评分标准	配分	扣分	得分
1	硬件选型	（1）能正确选择控制型号及规格； （2）能正确选择传感器； （3）能正确选择执行机构	（1）控制器型号的确定，10分； （2）传感器型号的确定，5分； （3）执行机构型号的确定，5分	20		
2	控制系统外部接线图	能正确绘制主电路及控制电路的外部接线图； 能正确进行外部接线图的接线	（1）外部接线图绘制不正确，扣10分； （2）外部接线图实际接线错误，每处扣3分	20		

续表 7-1

序号	主要内容	考核要求	评分标准	配分	扣分	得分
3	程序设计及相关参数设置	能够完成各任务中的控制要求，并能正确设置相关控制器的参数，程序编写简介，功能有创新	（1）程序功能不全，扣10分； （2）程序较为烦琐，扣10分； （3）变频器及扩展模块参数设置不全，每处扣3分	30		
4	模拟运行及文档归类	（1）在保证人身和设备安全，以及操作规范的前提下，通电试验一次成功； （2）项目设计完成后，进行资料分类整理并归档	（1）操作调试不规范，每次扣5分； （2）一次调试不成功，扣10分； （3）二次调试不成功，扣20分； （4）没有进行资料归档，扣10分	30		
5	"6S"管理制度	（1）安全文明生产； （2）自觉在实训过程中融入"6S"管理理念； （3）有组织，有纪律，守时诚信	（1）违反安全文明生产规程，扣5~40分； （2）乱线敷设，加扣不安全分，扣10分； （3）工位不整理或整理不到位，酌情扣10~20分； （4）随意走动，无所事事，不刻苦钻研，酌情扣5~10分； （5）不思进取，无理取闹，违反安全规范，取消实训资格，当天实训课题0分	倒扣分		
6	课堂异常情况记录					
备注			合计	100		
额定时间：根据项目难易程度	开始时间		结束时间	考评员或任课教师签字	年 月 日	

➢ 相关知识点

一、PLC 控制系统设计的基本原则

任何一种控制系统都是为了实现被控对象的工艺要求，以提高生产效率和产品质量。因此，在设计 PLC 控制系统时，应遵循以下基本原则：

（1）最大限度地满足被控对象的控制要求。充分发挥 PLC 的功能，最大限度地满足被控对象的控制要求，是设计 PLC 控制系统的首要前提，这也是设计中最重

要的一条原则。这就要求设计人员在设计前深入现场进行调查研究，收集控制现场的资料，收集相关先进的国内、国外资料。同时要注意和现场的工程管理人员、工程技术人员、现场操作人员紧密配合，拟定控制方案，共同解决设计中的重点问题和疑难问题。

（2）保证 PLC 控制系统安全可靠。保证 PLC 控制系统能够长期安全、可靠、稳定运行，是设计控制系统的重要原则。这就要求设计者在系统设计、元器件选择、软件编程上全面考虑，以确保控制系统安全可靠。例如：应该保证 PLC 程序不仅在正常条件下运行，而且在非正常情况下（如突然掉电再上电、按错按钮等），也能正常工作。

（3）力求简单、经济、使用及维修方便。一个新的控制工程固然能提高产品的质量和数量，带来巨大的经济效益和社会效益，但新工程的投入、技术的培训、设备的维护也将导致运行资金的增加。因此，在满足控制要求的前提下，一方面要注意不断地扩大工程的效益，另一方面也要注意不断地降低工程的成本。这就要求设计者不仅应该使控制系统简单、经济，而且要使控制系统的使用和维护方便、成本低，不宜盲目追求自动化和高指标。

（4）适应发展的需要。由于技术的不断发展，控制系统的要求也将会不断提高，设计时要适当考虑到今后控制系统发展和完善的需要。这就要求在选择 PLC、输入/输出模块、I/O 点数和内存容量时，要适当留有裕量，以满足今后生产的发展和工艺的改进。

二、PLC 控制系统设计一般步骤

1. PLC 控制系统设计的基本内容

（1）选择合适的用户输入设备、输出设备及输出设备驱动的控制对象；

（2）分配 I/O，设计电气接线图，考虑安全措施；

（3）选择适合系统的 PLC；

（4）设计程序；

（5）调试程序，一个是模拟调试，一个是联机调试；

（6）设计控制柜，编写系统交付使用的技术文件、说明书、电气图、电气元件明细表；

（7）验收、交付使用。

2. PLC 控制系统设计的一般步骤

（1）分析被控对象。对被控对象工艺工程、工作特点、功能进行分析，输入/输出分析，构成完整的功能表达图和控制流程图，确定 PLC 控制方案。

（2）系统硬件配置。PLC 机型按控制系统需求合理选择，功能涵盖使用要求，避免大马拉小车，品牌、价格、服务等因素都要考虑。输入/输出（I/O）点数、I/O 点数是 PLC 的一项重要指标，合理选择 I/O 点数可以既满足控制系统要求，又降低系统的成本。PLC 的 I/O 点数和种类应根据被控对象的开关量、模拟量等输入/输出设备的状况来确定。考虑到以后的调整和发展，可以适当留出备用量（一般为20%左右）。

（3）软件设计。软件设计包括系统初始化程序、主程序、子程序、中断程序、故障应急措施和辅助程序的设计等，小型开关量控制系统一般只有主程序。首先应根据总体要求和控制系统具体情况，确定用户程序的基本结构，画出程序流程图或开关量控制系统的顺序功能图。它们是编程的主要依据，应尽可能地准确和详细。

较简单的系统的梯形图可以用经验法设计，复杂的系统一般用顺序控制设计法设计。画出系统的顺序功能图后，根据它设计出梯形图程序，有的编程软件可以直接用顺序功能图语言来编程。

（4）模拟调试。设计好用户程序后，一般先作模拟调试。有的 PLC 厂家提供了在计算机上运行，可以用来代替 PLC 硬件来调试用户程序的仿真软件，在仿真时按照系统功能的要求，将某些输入元件强制为 ON 或 OFF，或改写某些元件中的数据，监视系统功能是否能正确实现。如果有 PLC 的硬件，可用小开关和按钮来模拟 PLC 实际的输入信号，用它们发出操作指令，限位开关触点的接通和断开。通过输出模块上各输出位对应的发光二极管，观察输出信号是否满足设计的要求。

（5）硬件调试与系统调试。在现场安装好控制屏后，接入外部的输入元件和执行机构。与控制屏内的调试类似，首先检查控制屏外的输入信号是否能正确地送到 PLC 的输入端，PLC 的输出信号是否能正确操作控制屏外的执行机构。完成上述的调试后，将 PLC 置于 RUN 状态，运行用户程序，检查控制系统是否能满足要求。在调试过程中将暴露出系统中可能存在的硬件问题，以及梯形图设计中的问题。发现问题后在现场加以解决，直到完全符合要求。按系统验收规程的要求，对整个系统进行逐项验收合格后，交付使用。

（6）整理技术文件。根据调试的最终结果整理出完整的技术文件，并提供给用户，以便于今后系统的维护与改进。技术文件应包括 PLC 的外部接线图和其他电气图纸、PLC 的编程元件表（定时器、计数器的设定值等）、带注释的程序和必要的总体文字说明。

微课—PLC
结构 1

三、PLC 的选择方法

随着 PLC 的推广普及，PLC 产品的种类和数量越来越多，而且功能也日趋完善。近年来，从美国、日本、德国等引进的 PLC 产品及国内厂家组装或自行开发的产品已有几十个系列、上百种型号。PLC 的品种繁多，其结构、性能、容量、指令系统、编程方法、价格等各不相同，适用场合也各有侧重。因此，合理选择 PLC，对于提高 PLC 在控制系统中的应用起着重要作用。

微课—PLC
结构 2

（一）机型的选择

PLC 机型选择的基本原则是，在满足功能要求的前提下，选择最可靠、维护使用最方便及性能价格比的最优化机型。在工艺过程比较固定、环境条件较好（维修量较小）的场合，建议选用整体式结构的 PLC；其他情况则最好选用模块式结构的 PLC。对于开关量控制，以及以开关量控制为主、带少量模拟量控制的工程项目中，一般其控制速度无须考虑，因此，选用带 A/D 转换、D/A 转换、加减运算、数据传送功能的低档机就能满足要求。

微课—PLC
选型 1

在控制比较复杂，控制功能要求比较高的工程项目中（如要实现 PID 运算、闭环控制、通信联网等），可视控制规模及复杂程度选用中档或高档机。其中，高档机主要用于大规模过程控制、全 PLC 的分布式控制系统及整个工厂的自动化等。根据不同的应用对象，表 7-2 列出了 PLC 的几种功能选择。

微课—PLC
选型 2

表 7-2　PLC 的功能及应用场合

序号	应用对象	功能要求	应用场合
1	替代继电器	继电器触点输入/输出、逻辑线圈、定时器、计数器	替代传统使用的继电器，完成条件控制和时序控制功能
2	数学运算	四则数学运算、开方、对数、函数计算、双倍精度的数学运算	设 PID 调节、定位控制和工程量单位换算定值控制、流量计算
3	数据传送	寄存器与数据表的相互传送等	数据库的生成、信息管理、BAT-CH（批量）控制、诊断和材料处理等
4	矩阵功能	逻辑与、逻辑或、异或、比较、置位（位修改）、移位和变反等	这些功能通常按"位"操作，一般用于设备诊断、状态监控、分类和报警处理等
5	高级功能	表与块间的传送、校验和、双倍精度运算、对数和反对数、平方根、PID 调节等	通信速度和方式、与上位计算机的联网功能、调制解调器等
6	诊断功能	PLC 的诊断功能有内诊断和外诊断两种。内诊断是 PLC 内部各部件性能和功能的诊断，外诊断是中央处理机与 I/O 模块信息交换的诊断	
7	串行接口（RS-232C）	一般中型以上的 PLC 都提供一个或一个以上串行标准接口（RS-232C），以连接打印机、CRT、上位计算机或另一台 PLC	
8	通信功能	现在的 PLC 能够支持多种通信协议，比如比较流行的工业以太网等对通信有特殊要求的用户	

对于一个大型企业系统，应尽量做到机型统一。这样，同一机型的 PLC 模块可互为备用，便于备品备件的采购和管理；同时，其统一的功能及编程方法也有利于技术力量的培训、技术水平的提高和功能的开发；此外，由于其外部设备通用，资源可以共享。因此，配以上位计算机后即可把控制各独立系统的多台 PLC 联成一个多级分布式控制系统，这样便于相互通信、集中管理。

（二）输入/输出的选择

PLC 是一种工业控制系统，它的控制对象是工业生产设备或工业生产过程，工作环境是工业生产现场，它与工业生产过程的联系是通过 I/O 接口模块来实现的。通过 I/O 接口模块可以检测被控生产过程的各种参数，并以这些现场数据作为控制信息对被控对象进行控制。同时通过 I/O 接口模块将控制器的处理结果送给被控设备或工业生产过程，从而驱动各种执行机构来实现控制。PLC 从现场收集的信息及输出给外部设备的控制信号都需经过一定距离，为了确保这些信息的正确无误，PLC 的 I/O 接口模块都具有较好的抗干扰能力。根据实际需要，一般情况下，PLC 都有许多 I/O 接口模块，包括开关量输入模块、开关量输出模块、模拟量输入模块、模拟量输出模块及其他一些特殊模块，使用时应根据它们的特点进行选择。

1. 确定 I/O 点数

根据控制系统的要求确定需要的 I/O 点数时，应再增加 10%～20% 的备用量，以便随时增加控制功能。对于一个控制对象，由于采用的控制方法不同或编程水平不同，I/O 点数也应有所不同。

2. 开关量输入/输出

通过标准的输入/输出接口可从传感器和开关（如按钮、限位开关等）及控制（开/关）设备（如指示灯、报警器、电动机启动器等）接收信号，典型的交流输入/输出信号为 24～240V，直流输入/输出信号为 5～240V。尽管输入电路因制造厂家不同而不同，但有些特性是相同的，如用于消除错误信号的抖动电路，免于较大瞬态过电压的浪涌保护电路等。此外，大多数输入电路在高压电源输入和接口电路的控制逻辑之间都设有可选的隔离电路。

在评估离散输出时，应考虑熔丝、瞬时浪涌保护和电源与逻辑电路间的隔离电路。熔丝电路也许在开始时花费较多，但可能比在外部安装熔丝耗资要少。

3. 模拟量输入/输出

模拟量输入/输出接口一般用来感知传感器产生的信号，这些接口可用于测量流量、温度和压力，并可用于控制电压或电流输出设备，这些接口的典型量程为 $-10～+10V$、$0～+10V$、$4～20mA$ 或 $10～50mA$。一些制造厂家在 PLC 上设计有特殊模拟接口，因而可接收低电平信号，如 RTD、热电偶等。一般来说，这类接口模块可用于接收同一模块上不同类型的热电偶或 RTD 混合信号。

4. 特殊功能输入/输出

在选择一台 PLC 时，用户可能会面临一些特殊类型且不能用标准 I/O 实现的 I/O 限定，如定位、快速输入、频率等。此时用户应当考虑供应厂商是否提供有特殊的有助于最大限度减少控制作用的模块。有些特殊接口模块自身能处理一部分现场数据，从而使 CPU 从耗时的任务处理中解脱出来。

5. 智能式输入/输出

当前，PLC 的生产厂家相继推出了一些智能式的输入/输出模块，一般智能式输入/输出模块本身带有处理器，可对输入或输出信号作预先规定的处理，并将处理结果送入 CPU 或直接输出，这样可提高 PLC 的处理速度并节省存储器的容量。智能式输入/输出模块有高速计数器（可作加法计数或减法计数）、凸轮模拟器（用作绝对编码输入）、带速度补偿的凸轮模拟器、单回路或多回路的 PID 调节器、ASCII/BASIC 处理器与 RS-232C/422 接口模块等。

（三）PLC 存储器类型及容量选择

PLC 系统所用的存储器基本上由 PROM、E-PROM 及 PAM 三种类型组成，存储容量则随机的大小变化，一般小型机的最大存储能力低于 6KB，中型机的最大存储能力可达 64KB，大型机的最大存储能力可上兆字节。使用时可以根据程序及数据的存储需要选用合适的机型，必要时也可专门进行存储器的扩充设计。PLC 的存储器容量选择和计算的第一种方法是根据编程使用的节点数精确计算存储器的实际使用容量；第二种方法为估算法，用户可根据控制规模和应用目的，按照相关公式来估算。为了使用方便，一般应留有 25%~30% 的裕量，获取存储容量的最佳方法是生成程序，即用了多少字。知道每条指令所用的字数，用户便可确定准确的存储容量。

（四）软件选择

在系统的实现过程中，PLC 的编程问题是非常重要的，用户应当对所选择 PLC 产品的软件功能有所了解。通常情况下，一个系统的软件总是用于处理控制器具备的控制硬件的。但是，有些应用系统也需要控制硬件部件以外的软件功能。例如，一个应用系统可能包括需要复杂数学计算和数据处理操作的特殊控制或数据采集功能，指令集的选择将决定实现软件任务的难易程度，可用的指令集将直接影响实现控制程序所需的时间和程序执行的时间。

（五）支撑技术条件的考虑

选用 PLC 时，有无支撑技术条件同样是重要的选择依据。支撑技术条件包括下列内容：

（1）编程手段。便携式简易编程器主要用于小型 PLC，其控制规模小，程序简单，可用简易编程器。CRT 编程器适用于大中型 PLC，除可用于编制和输入程序外，还可编辑和打印程序文本。由于 IBM-PC 已得到普及推广，IBM-PC 及其兼容机编程软件包是 PLC 很好的编程工具。目前，PLC 厂商都在致力于开发适用自己机型的 IBM-C 及其兼容机编程软件包，并获得了成功。

（2）图形和文本处理。简单程序文本处理，以及图、参量状态和位置的处理，包括打印梯形逻辑；程序标注，包括触点和线圈的赋值名、网络注释等；这对用户或软件工程师阅读和调试程序非常有用。

（3）程序储存方式。对于技术资料档案和备用资料来说，程序的储存方法有磁带、软磁盘或 EEPROM 存储程序盒等方式，具体选用哪种储存方式，取决于所选机型的技术条件。

（4）通信软件包。对于网络控制结构或需用上位计算机管理的控制系统，有无通信软件包是选用 PLC 的主要依据。通信软件包往往和通信硬件一起使用，如调制解调器等。

（六）PLC 的环境适应性

由于 PLC 通常直接用于工业控制，生产厂都把它设计成能在恶劣的环境条件下可靠地工作。尽管如此，每种 PLC 都有自己的环境技术条件，用户在选用时，特别是在设计控制系统时，对环境条件要给予充分的考虑。

四、PLC 控制系统的干扰源与抗干扰措施

（一）PLC 控制系统干扰源

1. PLC 控制系统空间电子辐射

PLC 控制系统在实际运行过程中，其系统空间的电子辐射主要来自高强电力线路结构、高强电力开关管理仪器、变压设备、电流整合区域、电流转化区域、电路变频设备及外部雷电因素等，可以有效产生空间电力磁场和辐射。其中，空间电子辐射的外部影响因素主要从两个方面集中表现。

2. PLC 控制系统空间电源

在 PLC 控制系统结构中，由于空间电源会引起系统内部结构自配电转化为启动

微课—PLC
抗干扰 1

微课—PLC
抗干扰2

状态，除了需要承受 PLC 控制系统结构外各个方面的空间电力磁场的干扰，进而在电源线路结构上产生额外的电流压力以外，其受到影响较大的则是 PLC 控制系统结构中电力网络内部的设备及其实际状态变化。例如，系统结构中的大型设备启动及停止、设备开关操作过程中的转变、交流及直流电力传送动力装置结构中的 SCR 区域、GTO 区域及 IGBT 区域等电力的半导体设备结构零件所引起的电流谐波等相关隐私，而以上因素都需要通过电力传输结构传送到 PLC 控制系统的空间电源接入端口，进而针对其系统的信号进行干扰。

（二）影响 PLC 控制系统因素

1. 电力辐射干扰因素

为了有效探索和研究影响 PLC 控制系统因素，技术人员通过系统结构空间运行时，电力所产生的电磁波模式传播的干扰进行综合分析，并且将此种模式称为辐射类型的干扰因素。辐射干扰因素主要由超高频率感应仪器、电力基础网络结构、大型电流频率转变设备、无线电广播设备、辐射雷达设备、外部雷电因素及电视设备等进行综艺运行而产生的干扰因素。同时，如果 PLC 控制系统在实际运行过程中，整体处于辐射状态下，那么其系统产生的外部连接数据线路、电源线路及信号传输线路等都会转变为外部天线，最终受到系统辐射因素的强力干扰。其中，系统主要分为两个网络结构路径：其一，电力辐射干扰因素主要针对 PLC 控制系统的电路感应区域进行辐射类型的信号干扰；其二，电力辐射干扰因素主要针对 PLC 控制系统的通信感应区域进行辐射类型的信号干扰。

2. 系统内部运行干扰因素

虽然 PLC 控制系统在实际运行过程中，无论是使用范围还是应用效率，普遍存在着优势和长处，但是其自身系统仍然存在着细节问题。当 PLC 控制系统运行时，其设备和系统经常会在内部结构中产生噪声，从而扰乱系统的正常模式运行。例如，PLC 控制系统应用时，由于需要长时间高压运行，所以内部零部件质量如果不能达到标准要求，那么非常容易因运行温度过高而被损坏。除此之外，PLC 控制系统内部结构中，一旦功能区域内的元件产生抖动，或者在实际零部件与各个区域元件连接时，操作不规范、连接不紧密时，一定程度上会产生 PLC 控制系统的干扰源头，加上以上因素所产生的干扰源头大多数来自系统的内部结构中。所以，此种模式下产生干扰源头的主要原因，则是设备方案设计人员对运行方案的设计不合理所产生的。

3. 系统外部干扰因素

第一，PLC 控制系统内部结构的大型、中型设备在实际使用和停止过程中，会产生电压的负面情况。第二，如果电力线路连接不合理，电路产生短路，会造成电波的整体冲击，造成工业生产过程中电路网络大型设备的停止，从而造成交流直流传输装置的谐波问题。第三，PLC 控制系统的接地线路需要包含工作模式接地系统、信号屏蔽接地系统、信号发射接地系统、防雷接地系统、静电保护接地系统等相关模式，所以需要根据 PLC 控制系统不同使用方向，搭配适合的解读系统，进而保证其系统的正常运行。

（三）PLC 控制系统抗干扰措施

1. 硬件区域抗干扰措施

想有效解决 PLC 控制系统干扰源的相关问题，就需要从硬件和软件两个方面进行综合分析。由于 PLC 控制系统运行时，硬件设备是保证系统运作的基础条件，所以其抗干扰措施的核心关键则是：针对 PLC 控制系统的硬件区域抗干扰能力，对设备硬件使用质量和运用效率提出了更高的要求。在实际操作和硬件性能测量过程中，应该针对系统硬件的各个指标及系统标准进行严谨的检查和筛选，从而保证 PLC 控制系统硬件区域的整体性能，同时保证其系统硬件抗干扰标准指数能够达到基础的生产要求。在有效保证 PLC 控制系统硬件区域达到了抗干扰数据和信息标准后，才能从根本上保证 PLC 控制系统可以在稳定环境和状态下，最大限度提高系统基础抗干扰能力。最终实现 PLC 控制系统在信号及电磁干扰环境下，仍然可以保证运行数据的精准和高效的环境下开展系统运行。

2. 软件抗干扰措施

由于 PLC 控制系统在实际操作过程中，主要由微型的数据和信息计算机及其他环节设备共同组成，所以此种微型计算机最大的优势是依靠完整的软件结构，从而有效设计出工业生产和发展实际需求的 PLC 控制系统。另外，针对 PLC 控制系统的干扰源头来说，还可以通过软件区域进行技术优化和提升，技术人员利用先进的科学技术，不断针对信号的技术处理及信息数据加密的流程进行强化和完善，使 PLC 控制系统的稳定性及安全性不断加强，最终提升系统整体抵抗电流辐射的总体实力。除此之外，技术人员还需要根据 PLC 控制系统实际使用方向，不断优化其系统内部的零部件关系，利用软件编程设计，尽可能降低系统运行的事故发生概率。

五、PLC 控制系统的维护与维修

（一）PLC 控制器的维护

PLC 控制系统在实际应用中，时常会发生电气故障，导致控制系统无法对执行机构进行控制，所以定期对 PLC 控制系统进行检查和维护是十分必要的。

微课—PLC
维护

1. 供电电源的检查

PLC 控制系统的供电电源是容易产生故障的电气元件之一，产生问题的频率较高，供电电源的质量直接影响着其使用期限。技术人员在控制系统电源进行检查时，首先应用万用表等对输出电压进行测量，电压值至少应该达到额定值的 85%。之后对电源波动范围进行检查，查看电压跳动的数值是否过大，跳动的频率是否太快。如果电压波动频率较大，会导致电源模块的电子元器件的使用寿命降低。在很多实用场合，为了实现供电电压的稳定，会利用稳压电源，如果 PLC 控制系统运行时间较长，控制程序时常出现执行错误，那么就应该对供电电源进行检测。排除故障后，控制系统便可恢复正常运行。

2. 运行环境的检查

PLC 控制系统运行环境，也就是指温度、振动、湿度和粉尘等方面的影响因素，会对 PLC 控制系统的正常工作带来一定程度的干扰。例如，如果环境温度过高，PLC 控制器内部的元器件的电气性能就会降低，控制系统发生故障的可能性就增加。如果环境温度太低，模拟输入/输出回路的安全性会有所下降，可以引起控制系统无法正常运行。湿度太大会减少内部电气元件的绝缘性能，可能会引发短路故障；湿度过低，由于太过干燥出现静电导致电路板烧坏。

3. 安装情况的检查

技术人员在对 PLC 控制系统进行检查时，应该对 PLC 控制柜内的元件安装情况进行查看，查看 PLC 的主 CPU 及模块接线端子接线有无松动，各模块之间的电气连接是否完好，继电器或 PLC 安装螺栓是否紧固等。

4. PLC 内部锂电池检查

PLC 控制器的生产厂家为了保证在停电状态下，内部的数据存储器可以在一定时间内保存运行数据信息，会在内部安装锂电池。如果电池的报警灯点亮，表明应该在 7 天时间内及时更换电池。电池的更换程序为：

（1）把 PLC 控制器接通电源持续时间在 15s 以上，保证内部存储器的备用电源内的电容器件可以在电池取出后进行短时间的供电，确保数据存储器的数据不会丢失；

（2）把 PLC 控制器的交流电源切断，保证处于无电状态；

（3）取出电池盖板；

（4）取出原有电池，把新电池安装好，电池的更换时间不要超过 3min，否则 RAM 存储器的相关运行程序将会停止；

（5）安装好电池盖板。

5. 制定 PLC 控制系统维护管理制度

明确维护人员岗位责任，落实好控制系统的维护保养计划；各种设备检查维修应该有相应的记录，标记清楚检查时间，发现的问题、解决的措施、处理后的效果，维护人员应该在记录中签字确认。规定：至少半年做好一次控制系统的检查和维护，可以有效避免控制系统出现故障。

（二）PLC 控制系统的试运行和维护检查

PLC 控制器经过多年的实践，可靠性是非常高的，出现故障的可能性较小，开发的控制系统设计有系统故障诊断功能，可以提示输入/输出模块出现的问题，通过上位机的显示器给出提示，准确地查找故障点所在的位置。维护人员解决之后，控制系统就可以正常地运行，维修也比较容易，大多问题都发生在外部的线路、中间继电器或者传感器上。系统的故障诊断功能可以把各执行机构或传感器的正常状态与实时状态进行对比，如果状态值出现偏差就会及时给出报警，自我诊断系统有故障检测和信息控制输出功能。

1. PLC 控制系统的初试

PLC 控制系统的初次调试会受到供电电源端的错误连接，输入与电源端之间产生的短路，或者导线产生短路的损害。所以在电源接入控制系统以前，应该对电源进行检查，各输入/输出模块的接线是否出现错误，接地是否正常。例如，需要对 PLC 控制器的耐压值及绝缘电阻进行测量，应该使 PLC 控制器的输入/输出模块、供电电源与控制系统连接的导线断开，之后利用每个公共点对控制器进行初步的试运行测试。

2. 控制程序的下载及检查

通过下载通信电缆把电脑和 PLC 控制器进行连接，读取程序并编译成功后，检查程序没有错误，设置好相互间的通信波特率和站号，进行程序下载。如果下载没有成功，应该查找原因，一般情况下，在程序下载时 PLC 控制器应该处于停止状态，如果正在运行会导致下载不成功。同时，应该设置好 PLC 的站号和通信速率，如果匹配成功，则下载就会比较顺利。下载完成后，通过电脑端软件使 PLC 处于运行状态。

视频—多功能跌落式包装机

3. 控制系统运行和试验

PLC 控制器的运行停止开关一般在通信端口附近，当把开关拨到运行位置时，PLC 控制器就会开始正常运行。在该状态下，通过电脑端软件可以强制改变各输出和输入的状态，也可以改变设置好的数据，把定时器设定值进行更改；与中断程序进行关联，可以实现输入端口的扫描频率，提高数据采集的精准程度。

视频—Delta机器人硬件安装

（三）PLC 控制系统的故障检查

PLC 控制系统出现故障时，维修技术人员应该对故障现象进行分析判断，如果控制系统中配置有上位机系统，查看显示器中是否有故障提示，如果指示出故障发生的部位，应该对该部位进行检查。如果没有配套显示设备，应该首先进行系统的整体检查。依据规定的检查流程查找故障可能发生的方向，然后结合故障现象进行细化分析，找出具体的故障位置，再对 PLC 控制系统供电电源进行排查，查看电源指示灯是否常亮；如果电源指示灯熄灭，应该查看熔断器是否断开，线路是否有短路现象。检查 PLC 控制模块，看运行指示灯是否点亮，一般情况下，PLC 控制器出现问题的可能性较小。再对 PLC 控制的输入/输出端子进行检查，输入/输出是控制器与外部进行连接的通道，如果开关量输入没有配套中间继电器，出现故障问题很有可能会对端子进行损坏，所以该部位是主要的检查维护部位。再就是对工作环境进行检查，查看控制系统的振动是否较为剧烈，温度、湿度是否在控制系统可以正常运行的范围内，PLC 控制器的 PE 端子是否单独接地。

视频—Delta机器人伺服驱动器和PLC 接线

PLC 控制系统应该采取科学合理的手段进行维护，制定常见故障排查和处理措施，不断提高维护人员的技术水平。结合相应的管理制度，可以有效避免系统出现故障，保证控制系统的正常运行。

视频—Delta机器人编程

➤ **思考与练习**

（1）试阐述变频器输出侧在电气装接工艺方面采取的抗干扰措施。

（2）在电气设计任务书中，应说明的主要技术经济指标及要求有哪些？

（3）要保证 PLC 系统的可靠性，需采用哪些常见措施？

（4）PLC 控制系统设计的基本原则及步骤有哪些，如何选用 PLC？

（5）PLC 控制系统的硬件设计主要考虑哪几个方面？

（6）当变频器输出端接有电动机时，不要接入_____来提高功率因数。变频器改造设备调速系统，不仅提高了调速的性能，而且降低了_____。

（7）浮地接法容易产生_____干扰。为了提高抗干扰能力，交流电源地线与_____地线不能共用。

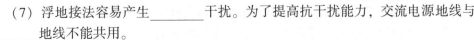

（8）在确定电力拖动控制方案时，应尽可能采用＿＿＿＿＿＿＿和新的控制方式。

（9）能用 PLC 对 X62W 万能铣床、Z3050 钻床及 T68 镗床进行控制系统改造吗？

（10）用 PLC 实现自控轧钢机的控制（见图 7-8），其控制要求如下：

1）初始状态。当原料放入成型机时，各液压缸的初始状态：Y1 = Y2 = Y4 = OFF，Y3 = ON；S1 = S3 = S5 = OFF，S2 = S4 = S6 = ON。

2）启动运行。当按下启动键，系统动作要求如下：

①Y2 = ON，上面油缸的活塞向下运动，使 S4 = OFF。

②当该液压缸活塞下降到终点时，S3 = ON，此时，启动左液压缸 A 的活塞向右运动，右液压缸 C 活塞向左运动，Y1 = Y4 = ON 时，Y3 = OFF，使 S2 = S6 = O。

③当 A 缸活塞运动到终点 S1 = ON，并且 C 缸活塞也到终点 S5 = ON 时，原料已成型，各液压缸开始退回到原位。首先，A、C 缸返回，Y1 = Y4 = OFF，Y3 = ON 使 S1 = S5 = OFF。

④当 A、C 缸返回到原位，S2 = S6 = ON 时，B 缸返回，Y2 = OFF，S3 = OFF。

⑤当 B 缸返回到原位，S4 = ON 时，系统回到初始状态，取出成品；放入原料后，按动启动键，重新启动，开始下一工件的加工。

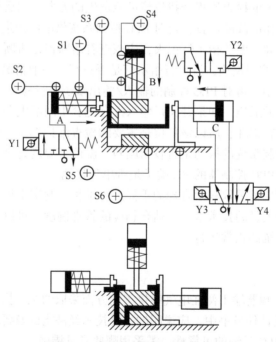

图 7-8　自控轧钢机的动作示意图

（11）用功能指令设计一个 8 站小车的呼叫控制系统（见图 7-9），其控制要求如下：

1）车所停位置号小于呼叫号时，小车右行至呼叫号处停车；

2）车所停位置号大于呼叫号时，小车左行至呼叫号处停车；

3）小车所停位置号等于呼叫号时，小车原地不动；

4）小车运行时呼叫无效；

5）具有左行、右行定向指示，原点不动指示；

6）具有小车行走位置的七段数码管显示。

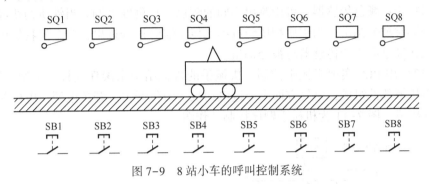

图 7-9　8 站小车的呼叫控制系统

（12）用 PLC 实现自动生产线材料分拣装置的控制。材料分拣机械结构由传送带、气缸等机械部件组成，电气方面由传感器、开关电源、电磁阀等电子部件组成，如图 7-10 所示。

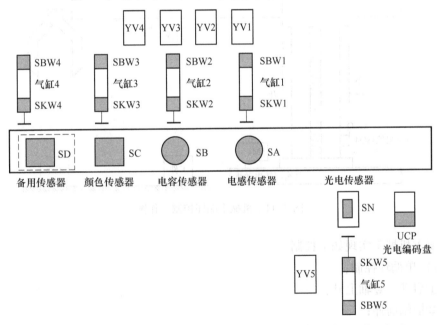

图 7-10　自动生产线材料分拣装置模拟图

视频—自动
生产线操作

控制要求如下：

1）在物料斗中放入三个不同的物块，按启动按钮，传送电动机开始运行，传送带转动，运行 6s 后，气缸 5 动作，将物块推到传送带中。此时传送电动机停止，以便物块放正位置。过 1s 后，电动机又开始运行。如果程序运行过程中，物料斗中没有物体，则运行一定时间后自动停止。

2）在第一个物块推出到传送带上前行一定路程后，再推出第二个物块。然后再推出第三个物块，过程和推出第一个物块相同。

3）当检测到物块后，驱动电磁阀控制气缸推动物块到相应的物料槽中。

4）各传感器依次为：电感传感器，可检测出铁质物块；电容传感器，可检测出金属物块；颜色传感器，可检测出不同的颜色，且色度可调。当铁质物块经过第一传感器时被分拣出，当铝质物块经过第二传感器时被分拣出，非金属物块中的某一颜色在经过第三个传感器时被分拣出。

（13）用 PLC 实现机械手控制。机械手的机械结构由滚珠丝杆、滑竿、气缸、气夹等机械部件组成；电气方面由步进电动机、限位开关、开关电源、电磁阀等电子器件组成。图 7-11 为机械手顺序控制工作图。

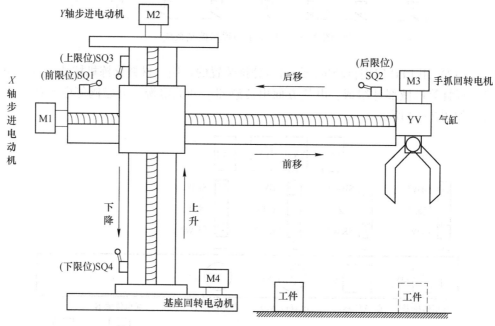

图 7-11　机械手顺序控制工作图

视频—机械手操作

视频—基于罗克韦尔平台模拟的酿酒生产线

要求机械手实现如下控制：

1）单循环控制：

①启动、竖轴上升；

②横轴前伸；

③电磁阀动作，手张开；

④竖轴下降；

⑤电磁阀动作，手夹紧；

⑥竖轴上升；

⑦横轴缩回；

⑧竖轴下降；

⑨电磁阀动作，手张开；

⑩竖轴上升；

⑪运行至上位，停止复位。

2）循环控制。在完成单循环控制控制后，机械手并不停止，循环动作，按停止按钮后，机械手运行一个周期后停止。气夹在电磁阀未通电动作时为夹紧状态，通电后变为张开状态。

附录

参 考 文 献

[1] 郭艳萍．电气控制与 PLC 应用［M］．北京：人民邮电出版社，2010．

[2] 钱晓龙，谢能发．循序渐进 Micro800 控制系统［M］．北京：机械工业出版社，2014．

[3] 李响初．三菱 PLC、变频器与触摸屏综合应用技术［M］．北京：机械工业出版社，2016．

[4] 曹菁．三菱 PLC、触摸屏和变频器应用技术［M］．北京：机械工业出版社，2010．

[5] 姜新桥，石建华．PLC 应用技术项目教程（三菱 FX 系列）［M］．北京：电子工业出版社，2016．

[6] 韩承江．PLC 应用技术［M］．北京：中国铁道出版社，2012．

[7] 陈怀忠．交直流调速系统与应用［M］．浙江：浙江大学出版社，2012．

[8] 瞿彩萍．PLC 应用技术［M］．北京：中国劳动社会保障出版社，2013．

[9] 方爱平．PLC 与变频器技能实训-项目式教学［M］．北京：高等教育出版社，2011．

[10] 姜洋．PLC 控制系统的干扰源分析与抗干扰措施［J］．化学工程与装备，2021（5）：187-188．

[11] 王琨．PLC 控制系统的可靠性设计［J］．科技风，2018（3）：93，95．

[12] 南光群，胡学芝．可编程控制器的选择［J］．机械制造与自动化，2004（2）：65-67．

[13] 季晓明．提高 PLC 系统可靠性的措施［J］．科技信息，2009（31）：116．